W0074760

Leemann
Adaption!

Ihr Plus – digitale Zusatzinhalte!

Auf unserem Download-Portal finden Sie zu
diesem Titel kostenloses Zusatzmaterial.
Geben Sie dazu einfach diesen Code ein:

```
plus-suvvh-4yepc
```

PLUS.HANSER-FACHBUCH.DE

„Entscheidend für einen radikalen Wandel sind die Menschen und die Beziehungen zu diesen Menschen. Ein radikales Mindset und der unbedingte Wille, die Transformation entgegen aller Widerstände durchzuführen."

Susanne Lebrument, Delegierte des Verwaltungsrates Somedia AG

....

„Wenige Unternehmen gelangen erfolgreich durch Zeiten radikaler Umbrüche. Niklaus Leemanns Buch liefert die wissenschaftlichen Grundlagen und die praktischen Hinweise, dass es in Zukunft mehr werden."

Dr. Andreas Wiele, Vorsitzender des Aufsichtsrats ProSiebenSat.1 Media SE

....

„Wie können sich Unternehmen neu erfinden? Wie können sie neue Geschäftsfelder identifizieren und für sich erschließen? Auf diese und viele weitere wichtige Fragen geht das Buch sehr prägnant und lösungsorientiert mit vielen Fallbeispielen und Anleitungen ein. Ein Handbuch und Lehrbuch zugleich, sehr zu empfehlen."

Prof. Dr. Stephan Stubner, Business Angel und Professor für Strategisches Management und Entrepreneurship im digitalen Zeitalter HHL Leipzig Graduate School of Management

....

„Gouverner, c'est prévoir – den Wandel zu verstehen und zu antizipieren, ist die Kernaufgabe des Unternehmers. Hier ist eine umfassende Werkzeugkiste dafür."

Dr. Felix Grisard, Verwaltungsratspräsident HIAG AG, MTIP AG

....

„Wissenschaftlich fundiert, empirisch belegt, didaktisch brillant."

Prof. Dr. Dominik K. Kanbach, Professor für Strategisches Unternehmertum HHL Leipzig Graduate School of Management

....

„Adaption an radikalen Wandel erfordert eine Umschichtung des Geschäftsportfolios weg von strukturell rückläufigem Bestandsgeschäft und hin zu neuem Wachstumsgeschäft. Dieses Buch liefert dazu wichtige Impulse."

Ralph Büchi, Vorsitzender des Aufsichtsrats Axel Springer SE

....

„Strategisches Management in Aktion – klare Lösungskonzepte mit wissenschaftlicher Fundierung."

Prof. Dr. Dr. Sascha Kraus, Professor für Unternehmensführung Freie Universität Bozen

....

„Im Zeitalter der Digitalisierung genau das Richtige."

Stephan Thurm, Chief Digital Officer Funke Mediengruppe

....

„Eines der ganz zentralen Erfolgsmerkmale von Start-ups ist die Fähigkeit zu pivoten, das heißt, den eingeschlagenen Kurs radikal zu ändern. Das gilt genauso für etablierte Unternehmen. Innovation beschleunigt sich immer mehr und damit sowohl die Chancen als auch der Anpassungsdruck für etablierte Unternehmen."

Dr. Alex von Frankenberg, Geschäftsführer High-Tech Gründerfonds

....

„Für den Umgang mit radikalem Wandel gibt es keinen Königsweg. Aber die in diesem Buch beschriebenen Konzepte sind die entscheidenden Bausteine für eine individuelle Erfolgsstory."

Dr. Ulrich Schmitz, Geschäftsführer Axel Springer Digital Ventures

Niklaus Leemann

Adaption!

Wie sich etablierte Unternehmen an radikalen
Wandel anpassen

HANSER

In diesem Buch wird aus Gründen der besseren Lesbarkeit das generische Maskulinum verwendet. Das heißt mit Bezeichnungen wie Kunde, Wettbewerber, Mitarbeiter, Geschäftspartner und so weiter sind immer alle Geschlechter gemeint.

Bibliografische Information der Deutschen Nationalbibliothek:
Die Deutsche Nationalbibliothek verzeichnet diese Publikation in der Deutschen Nationalbibliografie; detaillierte bibliografische Daten sind im Internet über <http://dnb.d-nb.de/> abrufbar.

Print-ISBN 978-3-446-47561-8
E-Book-ISBN 978-3-446-47745-2
ePub-ISBN 978-3-446-47786-5

Die Wiedergabe von Gebrauchsnamen, Handelsnamen, Warenbezeichnungen usw. in diesem Werk berechtigt auch ohne besondere Kennzeichnung nicht zu der Annahme, dass solche Namen im Sinne der Warenzeichen- und Markenschutzgesetzgebung als frei zu betrachten wären und daher von jedermann benutzt werden dürften.
Alle in diesem Buch enthaltenen Verfahren bzw. Daten wurden nach bestem Wissen dargestellt. Dennoch sind Fehler nicht ganz auszuschließen.
Aus diesem Grund sind die in diesem Buch enthaltenen Darstellungen und Daten mit keiner Verpflichtung oder Garantie irgendeiner Art verbunden. Autoren und Verlag übernehmen infolgedessen keine Verantwortung und werden keine daraus folgende oder sonstige Haftung übernehmen, die auf irgendeine Art aus der Benutzung dieser Darstellungen oder Daten oder Teilen davon entsteht.
Dieses Werk ist urheberrechtlich geschützt.
Alle Rechte, auch die der Übersetzung, des Nachdruckes und der Vervielfältigung des Buches oder Teilen daraus, vorbehalten. Kein Teil des Werkes darf ohne schriftliche Einwilligung des Verlages in irgendeiner Form (Fotokopie, Mikrofilm oder einem anderen Verfahren), auch nicht für Zwecke der Unterrichtsgestaltung - mit Ausnahme der in den §§ 53, 54 URG genannten Sonderfälle -, reproduziert oder unter Verwendung elektronischer Systeme verarbeitet, vervielfältigt oder verbreitet werden.

© 2023 Carl Hanser Verlag GmbH & Co. KG, München
www.hanser-fachbuch.de
Lektorat: Lisa Hoffmann-Bäuml
Herstellung: Carolin Benedix
Satz: Eberl & Koesel Studio, Kempten
Coverrealisation: Max Kostopoulos
Titelmotiv: © stock.adobe.com/Shutter2U
Druck und Bindung: CPI books GmbH, Leck
Printed in Germany

„Inmitten des Chaos gibt es auch Chancen.“
Sun Tzu

Wieso gelingt gewissen Unternehmen die Adaption an ein sich radikal wandelndes Geschäftsumfeld und anderen nicht? Diese Fähigkeit von Unternehmen wird in der ökonomischen Lehre als *Dynamic Capabilities* beschrieben. Konkret sind *Dynamic Capabilities* die erlernten und stabilen Verhaltens- und Handlungsmuster, mit denen sich das Unternehmen an die neuen Realitäten in Perioden von radikalem Wandel adaptiert (Teece, Pisano, Shuen 1997). Dank diesen *Dynamic Capabilities* gelingt es den Unternehmen langfristig, auch über Perioden von radikalem Wandel hinweg erfolgreich zu sein. Typischerweise werden *Dynamic Capabilities* aufgeteilt in 1) das Verstehen des radikalen Wandels und das Identifizieren von Opportunitäten und Gefahren *(Sensing)*, 2) das Erschließen von und Investieren in solche Opportunitäten, Technologien, Kundenlösungen und Geschäftsmodelle *(Seizing)* und 3) das Ausrichten und Rekonfigurieren des Unternehmens an die neuen Realitäten *(Transforming)* (Teece 2007; Leemann, Kanbach 2022).

Dynamic Capabilities wurden 1997 von David J. Teece und Kollegen in den wissenschaftlichen Diskurs eingeführt und sind seither ein beliebtes, wenn nicht gar dominantes Paradigma in der Forschung zu strategischem Management. So listet Google Scholar 183 000 wissenschaftliche Artikel, die sich mit *Dynamic Capabilities* beschäftigen, und der einführende Artikel aus dem Jahr 1997 wurde bereits 46 275-mal zitiert. Folgerichtig gilt David J. Teece auch als heißer Anwärter für den Wirtschaftsnobelpreis (Clarivate 2021). Nichtsdestotrotz finden die Erkenntnisse aus der *Dynamic-Capabilities*-Forschung bisher in der Praxis kaum Anwendung (Schilke, Songcui, Helfat 2018). Das soll dieses Buch ändern.

Das Ziel dieses Buches ist es, der Praxis aufzuzeigen, wie es dank *Dynamic Capabilities* und anderen Erkenntnissen aus der ökonomischen Forschung gelingen kann, in Perioden von radikalem Wandel zu überleben und zu wachsen. Das Buch ist in die drei Teile von *Dynamic Capabilities* gegliedert: *Sensing*, *Seizing* und *Transforming*. Jeder dieser Teile enthält sechs Kapitel, die konkrete Aktivitäten beschreiben, die ein Unternehmen ausüben sollte, um radikalem Wandel zu begegnen. Die wichtigsten Begriffe des Buches sind im folgenden Bild zusammenfassend dargestellt.

Einleitung

Das Geschäftsumfeld eines jeden Unternehmens befindet sich in einem stetigen Veränderungsprozess. Etablierte Unternehmen sind es daher gewohnt, diese inkrementellen Veränderungen laufend zu adressieren und zu ihrem Vorteil zu nutzen. Das ist jedoch anders in Perioden von radikalem Wandel. Diese verändern das Geschäftsumfeld grundlegend. Sie sind getrieben durch technologische Innovation, Verschiebungen von Konsumgewohnheiten, neue Spielregeln durch Regulierungen und Gesetze oder veränderte Wettbewerbsbedingungen sowie andere mögliche Faktoren. Aktuelle Beispiele von radikalem Wandel sind etwa der Technologiewechsel von Verbrennungsmotoren zu Elektroantrieben in der Automobilindustrie, der Siegeszug von digitalen Medien im Medien- und Verlagswesen, der Angriff von Neobanken und anderen FinTech-Produkten in der Finanzindustrie, die Einführung von Fertig- und Modulbauweisen in der Bauwirtschaft oder die Ausbreitung von Fracking in der Öl- und Gasindustrie.

Radikaler Wandel ist keine normale Veränderung des Geschäftsumfelds, sondern er bedroht die bestehende Geschäftsgrundlage eines Unternehmens und damit seine Existenz fundamental. Viele etablierte Unternehmen überleben eine solche Periode nicht. Sie sterben aus und das neue Geschäft in den entstehenden Wachstumsmärkten wird durch neue Player übernommen. Manchen etablierten Unternehmen gelingt es jedoch, radikalen Wandel zu überleben – oder darin sogar richtiggehend zu prosperieren.

Ein typisches Beispiel: Bis zur Jahrtausendwende war *Kodak* als Marktführer im hoch profitablen Geschäft von Fotofilm eines der wertvollsten Unternehmen weltweit. In dieser Zeit verteidigte *Kodak* gegenüber der ewigen Nummer zwei im Markt, *Fujifilm*, scheinbar problemlos seine Marktanteile. Die technologische Innovation Digitalkamera hat dieses Geschäftsumfeld jedoch in einen radikalen Wandel katapultiert. Innerhalb kürzester Zeit ist der Markt für Fotofilm de facto verschwunden. Diese Entwicklung führte letztendlich zur Insolvenz von *Kodak*. *Fujifilm* gelang es hingegen, sich an das gewandelte Geschäftsumfeld anzupassen, indem neue Märkte mit den vorhandenen Ressourcen und Fähigkeiten erschlossen wurden. Heute ist *Fujifilm* ein erfolgreiches Unternehmen mit über 16 Milliarden Euro Umsatz pro Jahr und über 70 000 Mitarbeitenden.

Radikaler Wandel	Fundamentale Veränderungen der Geschäftsgrundlage einer gesamten Branche und damit Bedrohung der Existenz etablierter Unternehmen
Etablierte Unternehmen	Führende Player in den bisher relevanten Bestandsmärkten – meist nicht imstande, im radikalen Wandel zu überleben
Bestandsmärkte	Reifes und den etablierten Unternehmen bestens bekanntes Geschäft – fällt durch radikalen Wandel in einen strukturellen Rückgang
Entstehende Wachstumsmärkte	Durch den radikalen Wandel hervorgerufene neue Märkte auf Basis anderer Technologien, Kundenlösungen und Geschäftsmodelle
Neue Player	Bisher unbekannte, neu eintretende Unternehmen mit dem Ziel, die entstehenden Wachstumsmärkte zu erschließen
Adaption	Fähigkeit von etablierten Unternehmen, sich an radikalen Wandel anzupassen und damit in den neuen Realitäten erfolgreich zu sein

Wichtigste Begriffe des Buches

Die Inhalte des Buches sind für die Praxis handlungs- und lösungsorientiert formuliert. Das Buch bietet damit eine Übersetzung von wissenschaftlichen Erkenntnissen für Praktiker. Inhaltsboxen ergänzen und veranschaulichen den Inhalt zusätzlich:

 Executive Summary – fasst die wichtigsten Aussagen am Kapitelanfang für den Schnellleser zusammen.

 Praxisbeispiel – illustriert das vorgestellte Konzept an einem konkreten Beispiel aus der Praxis.

 Wissenschaftliche Erkenntnisse – präsentiert verständlich und praxisorientiert neueste Ergebnisse aus der aktuellen Forschung.

 Kernaussage – bringt die wichtigste Aussage eines Abschnitts im Buch pointiert auf den Punkt.

 Checklisten und Methoden – liefert Arbeitshilfen zur Anwendung der vorgestellten Konzepte in der Praxis. Die Vorlagen sind zum Download bereitgestellt.

Der Nutzen für den Leser liegt in der prägnanten, übersichtlichen und konsequent lösungsorientierten Darstellung der erprobten und erforschten Konzepte zur Adaption von etablierten Unternehmen an die neuen Realitäten durch radikalen Wandel. Das Buch richtet sich an Führungskräfte aller Hierarchieebenen, Unternehmer und Eigentümer sowie auch an Unternehmensberater. Die dargestellten Konzepte, unterfüttert mit Praxisbeispielen, Checklisten und Methoden, helfen ihnen, die ihnen anvertrauten Unternehmen in Perioden von radikalem Wandel zu neuen Erfolgen zu führen.

Mit Blick auf die Gesellschaft als Ganzes sind Perioden von radikalem Wandel Fluch und Segen zugleich. Einerseits steigern neue Technologien, Kundenlösungen und Geschäftsmodelle den Lebensstandard vieler Menschen, weil sie das Zusammenleben etwa effizienter, qualitativer, schneller, sicherer, transparenter, verlässlicher oder ökologischer machen. Andererseits führen Perioden von radikalem Wandel auch zum Aussterben etablierter Unternehmen. Sie sind damit mit erheblichen Kollateralschäden wie etwa der Zerstörung von Arbeitsplätzen oder unternehmerischen Existenzen verbunden. Durch Adaption etablierter Unternehmen können solche Kollateralschäden größtenteils vermieden werden. Dieses Buch befähigt die Praxis mit Wissen und Werkzeugen zur erfolgreichen Adaption. In diesem Sinne trägt es zu gesellschaftlicher Stabilität und sozialer Kohäsion bei.

Rheinfelden (Schweiz), Frühjahr 2023   *Dr. Niklaus Leemann*

Inhalt

Teil I – Sensing

Verstehen des radikalen Wandels und Identifizieren von Opportunitäten und Gefahren

Was passiert genau da draußen? Was bedeutet das für unser Geschäft? Und wie sollen wir damit umgehen? Nur mit einem umfassenden Verständnis des radikalen Wandels lässt sich eine erfolgreiche Adaption gestalten. Die Herausforderung: Die richtigen Antworten bleiben bis auf Weiteres verschwommen und schwer fassbar. Erst wenn sich ein neues Gleichgewicht auf den Märkten eingependelt hat, schärft sich das Bild und die konkreten Implikationen werden sichtbar. Doch wer erst dann handelt, der ist zu spät. Um sich einen Platz in den entstehenden Wachstumsmärkten zu sichern, muss das etablierte Unternehmen frühzeitig mit dem Adaptionsprozess beginnen. Dieser wird initiiert von den Aktivitäten zum Verstehen des radikalen Wandels und zum Identifizieren von den sich daraus ergebenden Opportunitäten und Gefahren. Dies ist ein laufender Prozess und keine Einmalaktion. Die Sensing-Aktivitäten sind ein ständiger Begleiter des etablierten Unternehmens über den gesamten Adaptionsprozess.

Standortbestimmung Sensing

Bewerten Sie mit der Vorlage den Fortschritt der Adaption Ihres Unternehmens an den radikalen Wandel im Bereich Sensing. Beurteilen Sie dafür mittels Harvey Balls, wie sehr die einzelnen Teilergebnisse bereits vorliegen auf der Skala von „vollständig umgesetzt" (Kreis voll ausgefüllt) bis „Aktivität noch nicht gestartet" (Kreis nicht ausgefüllt). Formulieren Sie dann die nächsten Schritte und Aufgaben für die weitere Umsetzung in den einzelnen Bereichen.

Vorlage zum Download: *plus.hanser-fachbuch.de*

Sensing
Verstehen des radikalen Wandels und Identifizieren von Opportunitäten und Gefahren

Wir haben den radikalen Wandel erkannt und haben verschiedene Entwicklungsszenarien definiert.	○	
Wir kennen den Wert unserer Ressourcen und Fähigkeiten für entstehende Wachstumsmärkte.	○	
Wir tauschen uns über den radikalen Wandel mit unserem aktiv gepflegten Netzwerk aus.	○	
Wir pflegen einen systematischen Prozess, um gute Ideen zu identifizieren und zu fördern.	○	
Wir generieren echtes Marktfeedback durch verschiedene Experimente mit neuen Geschäftsideen.	○	
Wir sind mit kleinen Beteiligungen und sonstigen Engagements im neuen Geschäft investiert.	○	

Indizieren Sie mit den Harvey Balls den Entwicklungsstand Ihres Unternehmens.

Formulieren Sie die nächsten Schritte und Aufgaben für die weitere Umsetzung

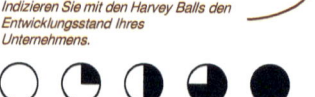

1

Erkenne und verstehe den radikalen Wandel

- Radikalen Wandel zu erkennen und zu verstehen, wohin sich das Geschäftsumfeld bewegen wird, ist sehr schwierig. Die Veränderungen werden zu Beginn oft übersehen.
- Unterschiedliche Trigger können radikalen Wandel auslösen, daher müssen verschiedene Bereiche wie etwa Technologie, Konsumgewohnheiten, Regulierungen und Gesetze sowie der Wettbewerb systematisch gescreent werden.
- Weil die künftigen Entwicklungen verschwommen und schwer fassbar sind, ist es sinnvoll, verschiedene Szenarien dazu zu bilden. Diese Szenarien dienen als Basis für die laufende Strategieentwicklung.

Es scheint paradox: Radikaler Wandel hat das Potenzial, die Existenz eines Unternehmens zu vernichten. Er ist jedoch üblicherweise zu Beginn kaum sichtbar und wird leicht übersehen. Radikalen Wandel zu erkennen und schließlich auch noch zu verstehen – nämlich eine Vorstellung darüber zu haben, in welche Richtung sich das Geschäftsumfeld verändern wird – ist eine hohe Kunst.

Radikaler Wandel wird mitunter deswegen so schwer erkannt, weil die bewährten Denkweisen und die Controllingsysteme des Managements auf das bestehende Geschäft ausgerichtet sind. In dieser etablierten Systematik erkennt man nahezu alles. Sinkt etwa die Verkaufsperformance des Vertriebsleiters in der Region Südost für die Produktkategorie Alpha, weiß das Management darüber sofort Bescheid und wird Maßnahmen einleiten. Die Problemlösung findet in den altbekannten und über Jahrzehnte erlernten Lösungsräumen statt. So wird im beschriebenen Fall ein mögliches Problem unter anderem beim betroffenen Mitarbeitenden, in der Produktqualität, in der Logistik oder bei einem bestens bekannten Wettbewerber gesucht. Dass der Umsatzrückgang auf veränderte Kundenpräferenzen, auf ein Substitutionsprodukt von einem neuen, bisher unbekannten Player oder auf einen anderen aufkommenden externen Faktor zurückgeführt wird, ist in der etablierten Systematik eher unwahrscheinlich. Doch genau das passiert bei radikalem Wandel. Die altbekannten Lösungsräume werden in diesem Fall irrelevant. Bild 1.1 zeigt den Unterschied zwischen radikalem Wandel und im Gegensatz dazu häufigen und üblichen inkrementellen Veränderungen.

Radikaler Wandel	Inkrementelle Veränderungen
Umfang & Konsequenz Geschäftsgrundlage verändert sich fundamental – Existenz ist gefährdet	Probleme innerhalb der bestehenden Geschäftslogik – Performance ist gefährdet
Orientierungspunkte Schwache Signale, Trends, neue Player, Early Adopter, Studien, Prototypen, Experimente, Tests, Wissenschaft	Erfahrung und Expertise, erlerntes Wissen, bewährte Denkweisen, Branchenlogik, Controllingsysteme
Zeithorizont Jahre bis Jahrzehnte	Monate bis Jahre
Handlungsbedarf • Entwicklung reflektieren, Szenarien bilden und laufend anpassen • Opportunitäten identifizieren, ergreifen und nötige Anpassungen vornehmen • Kultur und Organisation neu ausrichten	• Bekannte und erprobte Maßnahmen wiederholt anwenden • Kontrollieren und Gegensteuern

Bild 1.1 Unterschied zwischen radikalem Wandel und inkrementellen Veränderungen

Hinzu kommt die kognitive Trägheit des Managements. Selbst wenn radikaler Wandel ohne Mühe oder spezielle Fähigkeiten sichtbar, ja gar allgemein bekannt wird, bleibt das Management vieler Unternehmen meist untätig. So sind z. B. die Umsätze der deutschen Zeitungsbranche leicht messbar und seit dem Jahr 2000 rückläufig. In der Branche wurde aber erst über zehn Jahre später damit angefangen, signifikante strategische Maßnahmen zu ergreifen, um diesem radikalen Wandel zu begegnen.

Im Nachhinein ist man natürlich immer schlauer. Heute schmunzeln wir über Aussagen wie der des *IBM*-Chefs Thomas Watson, der im Jahr 1943 den weltweiten Bedarf an Computern auf jährlich fünf Stück geschätzt hat. Doch das war eine Einschätzung, die zu diesem Zeitpunkt dem besten Wissensstand von Fachleuten entsprochen hat. Ähnlich überzeugt von ihren Markteinschätzungen waren etliche Kutschen-, Schreibmaschinen- oder CD-Hersteller, die ihre Produktion weitergeführt haben, obwohl sie das Auto, den PC und den MP3-Player schon kannten. Einschätzungen über die künftigen Entwicklungen sind immer ein Abbild des aktuellen Stands des Wissens, gekoppelt mit der Reflexionsfähigkeit des Managements mithilfe von diesem Wissen eine Vorstellung über künftige Entwicklungen zu erlangen. Weil niemand die Zukunft voraussagen kann, ist es deshalb sinnvoll, verschiedene Szenarien über das Ausmaß und die Implikationen des radikalen Wandels zu formulieren.

 Radikaler Wandel ist insbesondere zu Beginn nur schwer zu erkennen. Noch schwerer ist es, seine Konsequenzen für das Geschäft zu verstehen. Daher wird mit verschiedenen Szenarien über die künftigen Entwicklungen gearbeitet.

Unterschiedliche Trigger können einen radikalen Wandel auslösen. Typische solcher Trigger sind etwa technologische Innovationen, Verschiebungen von Konsumgewohnheiten, neue Spielregeln durch Regulierungen und Gesetze oder veränderte Wettbewerbsbedingungen. Bild 1.2 zeigt eine Übersicht dieser Trigger. Bevor Szenarien formuliert werden, sollten diese Bereiche genauer analysiert werden, um ein Verständnis darüber zu erhalten, was sich gegenüber dem Status quo verändern wird.

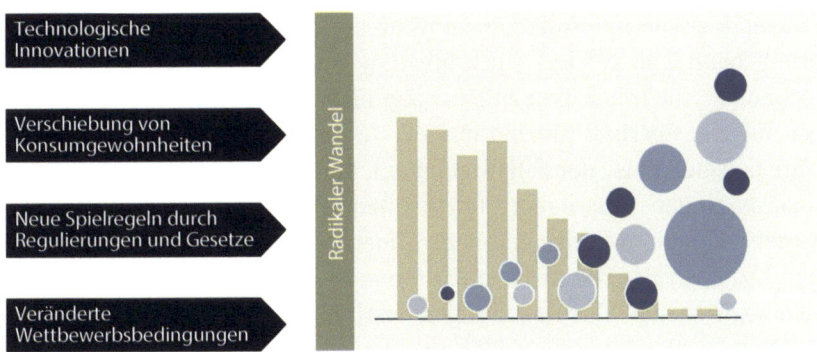

Bild 1.2 Trigger für die Auslösung von radikalem Wandel

Im Folgenden werden die vier typischen Trigger von radikalem Wandel genauer betrachtet.

■ 1.1 Technologische Innovationen

In vielen Fällen ist eine technologische Innovation der Trigger für einen radikalen Wandel. Durch technologische Innovationen entstehen neue Produkte und Dienstleistungen, die Bisheriges vollständig ablösen, womit neue Wachstumsmärkte entstehen und bisherige Märkte verschwinden. Es muss nicht immer die Jahrhunderterfindung sein. Technologische Innovationen können bisherige Problemlösungen in weiten Teilen revolutionieren, ohne dass sich das Kernprodukt oder die Kernleistung wesentlich verändert. So können Technologien, die dem Kerngeschäft eigentlich sehr fern sind, dieses trotzdem nachhaltig verändern. Bestes Beispiel dafür ist, wie Smartphone-Apps Branchen von Gartenbewässerung über Heizungs- und Klimaanlagensteuerung bis zum Banking nachhaltig verändert haben. Deshalb ist es besonders wichtig, beim Screening und bei der Analyse den Betrachtungshorizont weit aufzumachen.

Genauso kann die technologische Innovation auch die Produktion, die Logistik oder den Vertrieb verändern, ohne dass das Endprodukt davon berührt wäre oder sogar ohne dass es dem Konsumenten überhaupt auffällt. Beispielsweise hat die Roboterfertigung die Produktion in der Automobilindustrie revolutioniert und einen großen Konsolidierungsdruck hin zu skalierbaren großen Autoallianzen verursacht. Das Auto an sich blieb aber für den Konsumenten gleich, egal ob ein Roboter oder ein Fabrikarbeiter die Komponenten zusammengeschraubt hat.

Technologische Entwicklungen gehören andererseits auch zum Tagesgeschäft. Nicht jede technologische Innovation, auch wenn sie aus Technologenperspektive als epochal erscheint und gefeiert wird, führt zu einem radikalen Wandel. Erst wenn die technologische Innovation zu einer signifikanten Veränderung der Kernbedingungen für das Geschäft führt, kann sie ein Trigger für radikalen Wandel sein. Das wäre beispielsweise der Fall, wenn durch die Innovation die Produktionskosten so massiv sinken, dass damit plötzlich neue Player als Wettbewerber auf den Markt treten können und das etablierte Unternehmen mit seinen historisch gewachsenen Kostenstrukturen nicht mithalten kann. Oder wenn etwa die Überwindung von logistischen Einschränkungen aus einem typisch regionalen Geschäft überregionale oder gar globale Märkte entstehen lässt.

 Beispiele von Branchen in radikalem Wandel

Branche	Radikaler Wandel
Anwaltskanzleien	Standardverträge und zunehmend komplexere Rechtstexte werden von künstlicher Intelligenz zufriedenstellend erstellt, womit sich das Brot- und Buttergeschäft klassischer Anwaltskanzleien radikal wandelt.
Apotheken	Flächendeckende Einführung des E-Rezepts erlaubt überregionalen Versandapotheken, regionale Monopole bzw. Oligopole zu durchbrechen, womit sich Marktanteile und Möglichkeiten zum Cross-Selling verringern.
Automobilzulieferer	Verbrennungsmotoren werden in den kommenden Jahren durch Elektroantriebe ersetzt. Ein Elektromotor braucht andere und vor allem viel weniger Zulieferteile als ein Verbrennungsmotor. Die Automobilzulieferer müssen also einerseits technologisch umrüsten und sich andererseits auf weniger Geschäftsvolumen und noch mehr Margendruck einstellen.
Bankkreditgeschäft	Internetplattformen bieten die Vermittlung von Peer-to-Peer-Krediten an. Dabei werden Schuldner und Gläubiger mittels eines Algorithmus auf Basis der jeweiligen Kreditpräferenzen zusammengebracht. Dieser entstehende Markt für alternative Kreditvergabe gefährdet einen Teil vom klassischen Bankkreditgeschäft.

Branche	Radikaler Wandel
Bauwirt-schaft	Technologische Fortschritte in der Fertigbauweise und im Modulbau verschieben die Produktion von der Baustelle in die Werkshalle, womit sich die Kostenstruktur und das Wettbewerbsumfeld radikal wandeln.
Einzelhandel	Der Markteintritt von *Amazon* und anderen rein digitalen Marktplätzen führt zu einem wachsenden und nachhaltigen Marktanteilsverlust der etablierten Player im stationären Einzelhandel.
Fernsehen	Der Konsum von linearem Fernsehen (d. h. mit festem Fernsehprogramm) ist rückläufig und konzentriert sich zunehmend auf eine ältere Zielgruppe. Der Markt verschiebt sich rapide Richtung Streaming-Dienste mit On-Demand-Angeboten.
Hotellerie	Die Marktmacht der digitalen Buchungsplattformen führt zu einer einseitigen Abhängigkeit der unabhängigen Beherbergungseinrichtungen und damit zu einem existenzbedrohenden Margenzerfall durch hohe Vermittlungsgebühren.
Immobilien-makler	Die Anwendung diverser neuer Technologien ermöglicht es neuen Playern, deutliche Effizienzsteigerungen in den Kernprozessen zu erzielen. Beispielsweise ermöglicht Virtual Reality virtuelle Wohnungsbesichtigungen. Durch reduzierte Preise werden ineffiziente etablierte Player aus dem Markt verdrängt.
Kreditkarten-firmen	Klassisches Geschäft kann zwar durch starke Marktpositionen mit einer Gewinnmarge von über 50 % bestritten werden. Neue Player zerschlagen jedoch dieses Geschäftsmodell, indem sie dank Digitalisierung Prozesskosten optimieren und zugunsten von Kunden auf einen Teil der hohen Marge verzichten.
MedTech	Die neue *Medical Device Regulation (MDR)* verlangt von europäischen Herstellern von Medizinprodukten aufwendige Prüf- und Dokumentationstätigkeiten, welche von kleineren Playern kaum erfüllt werden können. Damit steigt der Konsolidierungsdruck in der Branche.
Retail Banking	Neobanken bieten weitestgehend vergleichbare Dienstleistungen wie klassische Retail Banken an, verzichten jedoch auf ein Filialnetz. Stattdessen werden alle Geschäfte über eine mobile App abgewickelt. So werden massive Kostenvorteile realisiert, womit niedrigere Gebühren als bei klassischen Banken angeboten werden können.

Branche	Radikaler Wandel
Spediteure	Das Geschäft mit der Organisation von Warentransporten umfasst einen hohen administrativen Aufwand: Einholen von Preisen der Frachtführer, Management und Abrechnung der Zollpapiere, Koordination der Transporteure und Auftraggeber. Bei etablierten Playern wird dies immer noch weitestgehend manuell und mit veralteter Software gemacht. Start-ups in der Branche erlangen dank Digitalisierung dieser Prozesse zunehmend einen strategischen Wettbewerbsvorteil.
Sprach-schulen/ Musik-schulen	Multimediale digitale Lernangebote egalisieren den Lernerfolg durch persönlichen Unterricht. Hinzu kommen unlimitierte zeitliche Flexibilität und preisliche Vorteile. Damit werden konventionelle Schulen in weiten Teilen obsolet.
Stahl-industrie	Deutlich strengere Regeln zum CO_2-Ausstoß, bzw. -Pricing zwingt die Schwerindustrie, wie etwa die Produktion von Stahl, zu einem radikalen Umbau der Produktionsanlagen. Gleichzeitig bleibt der intensive internationale Preiswettbewerb bestehen.
Taxibranche	Diverse *Ride-Hailing*-Apps durchbrechen die hart erkämpften regulatorischen Eintrittshürden, optimieren Fahrten, Wartezeiten und den Kundennutzen. Damit gewinnen sie wesentliche Teile des Marktes.
Verlags-wesen	Klassische Nachrichten werden hauptsächlich online konsumiert. Der Konsum von Printmedien nimmt seit Jahren ab und konzentriert sich auf eine ältere, aussterbende Zielgruppe. Zeitungs- und Zeitschriftenverlage haben Mühe, ihre Stärken in die Onlinewelt zu transferieren. Funktionierende Geschäftsmodelle für Onlinemedien sind erst am Entstehen.

■ 1.2 Verschiebungen von Konsumgewohnheiten

Verschiebungen in den Konsumgewohnheiten können mächtige Trigger von radikalem Wandel sein. Diverse gesellschaftliche Trends beeinflussen einerseits die Bedürfnisse der Konsumenten, andererseits auch die Art und Weise, wie Produkte und Dienstleistungen bewertet und ausgewählt werden.

Ein typischer gesellschaftlicher Trend ist das mittlerweile im Mainstream ange-
kommene Ökologiebewusstsein. Dieser Trend beeinflusst die unterschiedlichsten
Geschäftsbereiche vom Lebensmitteleinkauf über die Mobilität bis hin zum grünen
Investieren. Das Thema ist nicht mehr zu übersehen. Jedoch führt es in vielen Fällen nicht zu einem radikalen Wandel. Beispiel Biolebensmittel: Aus Produzenten-
und Vermarktersicht handelt es sich hier eher um eine Umstellung der Produk-
tionsprozesse weg von konventioneller hin zu biologischer Produktion. Deswegen
verändert sich aber nicht das Geschäftsumfeld in radikaler Weise. Die Marktteilnehmer, ob Produzenten, Verarbeiter oder Händler, bleiben die gleichen und auch
die wesentlichen Geschäftsbedingungen entlang dieser Wertschöpfungskette verändern sich nicht wesentlich. Klar gibt es neue Start-ups, die biologische Lebensmittel herstellen. Doch das können etablierte Unternehmen ohne wirklich große
Anpassungen genauso gut.

Anders gelagert ist beispielsweise die Tendenz der Millennials, kein eigenes Auto
mehr haben zu wollen. Während in den Generationen davor das eigene Auto ein
Symbol für Status und Freiheit war, geht dieser Aspekt bei jüngeren Generationen
komplett verloren. Das ist ein radikaler Wandel, weil es einerseits zu einem wesentlichen Absatzproblem bei Autoherstellern führt, andererseits aber auch neue
Geschäftsmodelle und Märkte wie etwa *Car Sharing* oder *Ride Hailing* extrem
wachsen lässt.

■ 1.3 Neue Spielregeln durch Regulierungen und Gesetze

Unternehmer und Führungskräfte schimpfen gerne über Regulierungen und Gesetze, weil sie das freie Wirtschaften behindern und einschränken. Sie verkennen
dabei, dass dadurch in vielen Fällen ein wesentlicher Teil ihres Geschäfts geschützt
wird. Denn solche juristischen Rahmenbedingungen bilden oft eine Eintrittshürde
gegenüber neuen, unbekannten Playern. Einige Branchen verdanken solchen Regulierungen gar ihre Existenz, so z.B. weite Teile der sehr groß gewordenen Prüf-
und Zertifizierungsbranche. Diese würde es ohne die gesetzliche Pflicht diverser
Branchen, ihre Anlagen und Produkte regelmäßig prüfen und zertifizieren zu lassen, kaum in dem Umfang geben.

Die Bezeichnung „Regulierungen und Gesetze" ist hier durchaus weit zu interpre-
tieren. Dazu gehören staatliche Rahmenbedingungen auf allen Ebenen von der
Europäischen Union bis hin zu kommunalen Einheiten. Genauso wichtig können
aber auch etwa Normen, Regularien, Akkreditierungen oder Zulassungen von nicht-
staatlichen Institutionen wie Branchenverbänden sein. Die Summe all dieser Fest-
legungen ist deshalb hier übergreifend als Spielregeln bezeichnet.

Weil eben diese Spielregeln auch die etablierten Unternehmen in ihrer Geschäftstätigkeit schützen, kann eine entscheidende Veränderung davon zu einem radikalen Wandel führen. So kann eine Änderung der Spielregeln beispielsweise, auch implizit, den Marktzugang für neue Player ermöglichen oder bestimmte Player von der Teilnahme ausschließen.

■ 1.4 Veränderte Wettbewerbsbedingungen

Der Markteintritt von einem neuen Wettbewerber kann einen radikalen Wandel herbeiführen, wenn sich dieser in umfassender Weise von den bisherigen Marktteilnehmern unterscheidet. Auch hier geht es wieder darum, solche Ereignisse vom business as usual zu unterscheiden. Natürlich kommt es immer mal wieder vor, dass ein neuer Wettbewerber auftaucht, der aber im weitesten Sinne gleich funktioniert wie die bestehenden Wettbewerber. Wenn dieser aber beispielsweise eine völlig andere Kostenstruktur aufweist, einen wirklich revolutionären Vertriebsansatz beherrscht oder über ein überlegenes Produkt verfügt, kann dies zu radikalem Wandel führen. Ein gutes Beispiel dafür sind der Markteintritt und die weitere Expansion von *Amazon*, was den Einzelhandel laufend in seinen Grundfesten verändert. Ähnlich nachhaltig wirkte der Eintritt von *Airbnb* auf den Markt für Beherbergungseinrichtungen.

Nebst solchen einzelnen Wettbewerbern kann radikaler Wandel auch von einer Gruppe von spezifischen Wettbewerbern gleichen Typs ausgelöst werden. So hat die Gründung von unzähligen Microbreweries in den Vereinigten Staaten, die zwar nicht miteinander verbunden waren, aber demselben Playbook gefolgt sind, den Biermarkt nachhaltig verändert. Das von ihnen typischerweise gebraute Craftbier hat mittlerweile einen nennenswerten Marktanteil erreicht und wächst weiter, während der Markt für Standardbiere stagniert. Oder die koordinierte Entscheidung chinesischer Baumaschinenhersteller, aus ihrer starken Position im Binnenmarkt heraus auf den Weltmarkt zu gehen, hat diesen ebenfalls nachhaltig für die etablierten Player aus Europa, den Vereinigten Staaten und Japan radikal verändert.

Schließlich gilt es auch hier die vor- und nachgelagerten Wertschöpfungsstufen zu betrachten. Signifikante Veränderungen der Zulieferstruktur, sei es bei Rohstoffen oder bei Zulieferteilen und Fertigprodukten, sowie bei der Abnehmerstruktur können einen radikalen Wandel herbeiführen. Wie beschrieben, gilt auch bei der Analyse von Veränderungen der vor- und nachgelagerten Wertschöpfungsstufen, normales business as usual von wirklich entscheidenden Veränderungen zu unterscheiden.

Nicht jede Veränderung führt zu einem radikalen Wandel. Beobachtungen werden immer dahin gehend geprüft, ob sie potenziell die bestehenden Geschäftsmodelle ersetzen und die Ressourcen und Fähigkeiten des Unternehmens weitestgehend obsolet machen können.

Um radikalen Wandel erkennen und verstehen zu können, muss das Management also ein gutes Verständnis über diese vier Trigger entwickeln. Hinzu kommen in einigen Fällen andere Trigger, die im spezifischen Markt klare Kernelemente der Geschäftsgrundlage sind.

Man geht hier sinnvollerweise sehr systematisch vor. In einem ersten Schritt sollte man noch einmal die alte Welt reflektieren. Wieso waren wir eigentlich erfolgreich? Wieso haben wir gute Margen erzielen können? Welche Faktoren waren dafür entscheidend? Dann stellt sich die Frage, wie sich diese Faktoren verändert haben oder vielmehr verändern werden. Die Verbindung von identifizierten Veränderungen mit dem Wissen darüber, was im eigenen Geschäft kritische Erfolgsfaktoren sind, erlaubt es, die Wahrscheinlichkeit von radikalem Wandel zu eruieren. Schließlich soll man, wenn diese Auslegeordnung gemacht ist, im letzten Schritt versuchen, konkrete Implikationen auf das Geschäftsumfeld in unterschiedlichen Szenarien zu formulieren. Wie wird sich die Marktstruktur verändern? Welche neuen Player werden erfolgreich sein, welche Player werden verschwinden? Wie wird sich die Rolle von Kunden, Lieferanten und anderen Stakeholdern verändern?

Diese Tätigkeit wird zur kontinuierlichen Aufgabe. Die künftigen Entwicklungen sind in Perioden von radikalem Wandel naturgemäß verschwommen und schwer fassbar. Vor allem basieren sie zu Beginn nur auf schwachen Signalen. Nichtsdestotrotz sind diese aber sichtbar. Technologische Innovationen etwa fallen nicht plötzlich vom Himmel, sondern sind das Ergebnis oft jahrelanger Forschung. Auch Verschiebungen der Konsumbedürfnisse kündigen sich durch das Verhalten von Trendsettern oder Early Adopter an. Neue Spielregeln werden lange in parlamentarischen Sitzungen oder Normierungsgremien diskutiert. Und auch neue Wettbewerber kündigen sich durch erste Versuche erst einmal an. Es ist daher wichtig, solche Entwicklungen von den ersten, schwachen Signalen bis zu gefestigten Erkenntnissen laufend zu beobachten. Neue Erkenntnisse oder Ereignisse führen dann zu neuen oder veränderten Szenarien und somit neuen Erwartungen an die Zukunft. Deswegen muss das Management seine Einschätzung über die künftigen Entwicklungen laufend und systematisch aktualisieren.

Vorlage: Radikalen Wandel erkennen und verstehen

Machen Sie sich Gedanken zu den entscheidenden Veränderungen in den genannten vier Triggern von radikalem Wandel und tragen Sie diese in die Felder ein. Gibt es einen spezifischen weiteren Trigger in Ihrem Markt? Dann ergänzen Sie entsprechend das fünfte Feld. Machen Sie sich dann Gedanken über mögliche Szenarien. Nicht jede Veränderung muss gleich zu einem radikalen Wandel führen. Wenn die Wahrscheinlichkeit für keinen radikalen Wandel realistisch ist, formulieren Sie dafür ebenfalls ein Szenario.

Vorlage zum Download: *plus.hanser-fachbuch.de*

Radikalen Wandel erkennen und verstehen

Technologie
Führt technologische Innovation zu radikalen Veränderungen unserer Produkte und Leistungen, oder unserer Kernprozesse?

Konsumenten
Verändern sich die Bedürfnisse unserer Konsumenten oder die Art und Weise, wie sie unsere Produkte und Leistungen konsumieren?

Spielregeln
Werden neue Gesetze, Richtlinien, Regeln oder Normen eingeführt, die unser Geschäft nachhaltig verändern?

Wettbewerb
Verändert der Markteintritt eines neuen Wettbewerbers die Marktstruktur? Gibt es radikale Veränderungen in der Zulieferer- oder Abnehmerstruktur?

Spezifische Faktoren
Erfahren weitere spezifische Kernelemente unseres Marktes eine radikale Veränderung?

Welche neue Normalität stellt sich für etablierte Unternehmen, Start-ups und ihre Kunden ein?

Szenario I

Szenario II

Szenario III

2 Identifiziere wertvolle Ressourcen und Fähigkeiten

- Die strategische Perspektive wird gewechselt: Statt als Gesamtheit von unterschiedlichen Geschäftsfeldern wird das Unternehmen als Bündel von Ressourcen und Fähigkeiten gesehen.
- Neue Geschäftsideen werden realisiert, indem diese Ressourcen und Fähigkeiten auf neu entstehenden Wachstumsmärkten eingesetzt werden.
- Komplementäre Ressourcen und Fähigkeiten führen bei radikalem Wandel meist zu einem Wettbewerbsvorteil von etablierten Unternehmen gegenüber Start-ups.

Typischerweise wird ein Unternehmen als eine Gesamtheit von unterschiedlichen Geschäftsfeldern betrachtet, die jeweils einen spezifischen und dem Management bestens bekannten Markt adressieren. Die Strategieformulierung in einer solchen Betrachtungsweise funktioniert nach einer gewissermaßen simplen Verteilungslogik: Wie groß ist unser Markt? – Rund zwei Milliarden. Was ist unser Anteil davon und was haben unsere Wettbewerber? – Wir haben 28 %. Unsere zwei Hauptwettbewerber kontrollieren 32 % und 17 %, der Rest verteilt sich auf kleine Spezialisten. Aha, wie können wir unseren Marktanteil erhöhen? – Aufgrund unserer wettbewerbsfähigen Kostenbasis können wir die zwei Hauptwettbewerber über Preisvorteile angreifen, und mit unserem innovativen Premiumprodukt werden wir einige kleinere Spezialisten aus dem Markt drängen. Und dann ergreifen wir noch eine Reihe von Abwehrmaßnahmen, die uns vor Angriffen der Wettbewerber schützen. Voilà, unsere Strategie steht.

In Perioden von radikalem Wandel funktioniert eine solche Logik nicht mehr. Die altbekannten Märkte sind im Begriff zu verschwinden und die Kunden wandern reihenweise ab. Die üblichen Wettbewerber kämpfen mit derselben Entwicklung und taugen nicht mehr als Referenzpunkte. Das Wissen über diese bestehenden Märkte wird wertlos.

Etablierte Unternehmen müssen daher in Perioden von radikalem Wandel ihre Perspektive wechseln. Man betrachtet das Unternehmen nicht mehr als eine Gesamtheit von unterschiedlichen Geschäftsfeldern, sondern als Bündel von Ressourcen und Fähigkeiten. Während die bisherigen Geschäftsfelder zwar durch den radikalen Wandel verschwinden, behalten jedoch gewisse Ressourcen und Fähigkeiten des Unternehmens auch in der neuen Realität ihren Wert. Sie können dann in den neuen entstehenden Wachstumsmärkten eingesetzt werden, womit das Unternehmen vom radikalen Wandel profitieren kann. Die Ressourcen und Fähigkeiten werden dann im Grunde zum verborgenen Schatz, der künftige Erfolge sichern wird und somit gesucht und gehoben werden muss.

 Mit einem Perspektivenwechsel weg vom Blick auf Geschäftsfelder und hin zu Ressourcen und Fähigkeiten wird das Unternehmen herausnavigiert aus der Sackgasse aussterbenden Geschäfts zu einem bunten Strauß neuer Opportunitäten. ∎

Was ist mit Ressourcen und Fähigkeiten genau gemeint? Eine Ressource ist etwas, was das Unternehmen *hat*. Das können einerseits konkrete, in der Bilanz aktivierte Assets wie etwa eine Fabrik oder Grundstück, Patente und Markenrechte sowie ganz einfach eine gefüllte Kasse sein. Andererseits können immaterielle, bisher nicht bewertete Dinge wie etwa Daten, die Reputation und das Netzwerk des Unternehmens oder der vorhandene Zugang zu Kundenpotenzialen oder Entscheidungsträgern ebenfalls wertvolle Ressourcen sein. Eine Fähigkeit ist etwas, was das Unternehmen *kann*. Allen voran wären das technologische und produktspezifische Kompetenzen oder Erfahrungen, aber auch etwa Vermarktungskompetenzen, Produktentwicklungskompetenzen oder Digitalisierungskompetenzen. Bild 2.1 stellt die Logik übersichtlich dar.

Ressourcen	Fähigkeiten
Ressourcen sind Dinge, die ein Unternehmen *hat*	Fähigkeiten sind Dinge, die ein Unternehmen *kann*
▪ Finanzielle Mittel ▪ Immobilien ▪ Grundstücke ▪ Patente ▪ Markenrechte ▪ Daten ▪ Reputation ▪ Netzwerk ▪ Etc.	▪ Technologiekompetenz ▪ Produktentwicklungskompetenz ▪ Industrialisierungskompetenz ▪ Produktionskompetenz ▪ Vermarktungskompetenz ▪ Logistikkompetenz ▪ Digitalisierungskompetenz ▪ Internationalisierungskompetenz ▪ Etc.

Bild 2.1 Definition von Ressourcen und Fähigkeiten

Die Identifikation von wertvollen Ressourcen und Fähigkeiten zum Einsatz auf neuen entstehenden Wachstumsmärkten erfolgt in drei Schritten, die über eine mehrjährige Phase der Adaption des Unternehmens auf den radikalen Wandel mehrmals wiederholt und die Ergebnisse dabei laufend revidiert werden. Bild 2.2 stellt die drei Schritte schematisch dar, diese werden im Folgenden genauer beschrieben.

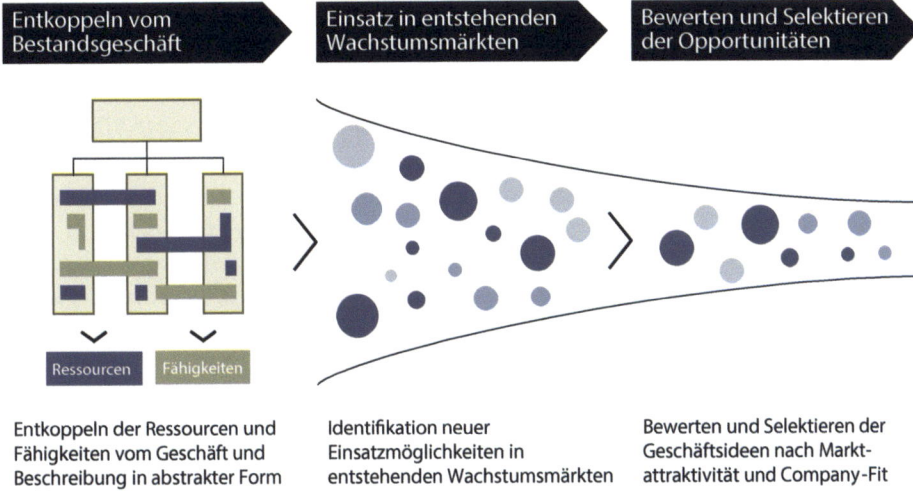

Entkoppeln vom Bestandsgeschäft	Einsatz in entstehenden Wachstumsmärkten	Bewerten und Selektieren der Opportunitäten
Entkoppeln der Ressourcen und Fähigkeiten vom Geschäft und Beschreibung in abstrakter Form	Identifikation neuer Einsatzmöglichkeiten in entstehenden Wachstumsmärkten	Bewerten und Selektieren der Geschäftsideen nach Marktattraktivität und Company-Fit

Bild 2.2 Transfer von wertvollen Ressourcen und Fähigkeiten in entstehende Wachstumsmärkte

■ 2.1 Entkoppeln vom Bestandsgeschäft

Ausgangspunkt der Überlegungen ist trotz des radikalen Wandels das aussterbende Bestandsgeschäft. Dieses wird durch ein bestimmtes Set an Ressourcen und Fähigkeiten bestritten. Im ersten Schritt werden nun die Ressourcen und Fähigkeiten vom Bestandsgeschäft und von den aktuellen Produkten und Dienstleistungen gedanklich entkoppelt und in abstrakter Form dargestellt. Es werden dabei die eigentlichen Leistungen oder die Funktionalität beschrieben, die eine bestimmte Ressource oder Fähigkeit erbringen kann – egal für welches Produkt, welche Dienstleistung, welchen Kunden oder Markt. Es geht erst einmal darum, zu identifizieren, was das Unternehmen *hat* und *kann*.

Illustriert am Beispiel eines klassischen Zeitungsverlags: Der veränderte Medienkonsum durch neue digitale Verbreitungsmöglichkeiten hat Zeitungsverlage in eine Periode radikalen Wandels geworfen. Doch ein Zeitungsverlag besitzt viele wertvolle Ressourcen und Kompetenzen, die sich in neuen entstehenden Wachstumsmärkten als wertvoll erweisen können. So besitzt ein Zeitungsverlag die Fähigkeit, eine große Menge an unstrukturierten Daten und Fakten zu analysieren, zu strukturieren und zu bewerten, um daraus verständliche Inhalte für ein bestimmtes Zielpublikum zu produzieren. Darüber hinaus hat ein Zeitungsverlag üblicherweise auch eine Logistikorganisation, die täglich gedruckte Zeitungen frühmorgens in die Haushalte ausliefert, sowie ein breites Netzwerk zu relevanten Entscheidungsträgern. Alle diese genannten Ressourcen und Fähigkeiten lassen sich auch in anderen als den angestammten Märkten nutzbar machen.

Die in diesem Schritt identifizierten Ressourcen und Fähigkeiten können quer zur aktuellen Organisationsstruktur stehen. Es ist nicht nötig, diese einzelnen Business Units oder Divisionen zuzuordnen. Im Gegenteil, dies wäre sogar hinderlich. Die bestehende Organisationsstruktur eines Unternehmens ist meist die Abbildung historisch gewachsener Strukturen und der Wahrnehmung des aktuellen Marktes. In Perioden von radikalem Wandel sind diese Strukturen sowieso obsolet und spiegeln nicht mehr die neuen Realitäten wider. Bei der Identifikation von Ressourcen und Fähigkeiten sollte das Management also das Unternehmen gesamtheitlich betrachten. Nur so lassen sich die wirklich wertvollen Ressourcen und Fähigkeiten für die Zukunft identifizieren.

Auf die falsche Ressource gesetzt: Untergang des Schreibmaschinenherstellers Smith Corona

Das amerikanische Unternehmen *Smith Corona* blickte auf eine 100-jährige Geschichte zurück, als ab den 1980er-Jahren sein Geschäftsumfeld in eine Periode radikalen Wandels geworfen wurde. Zuvor war *Smith Corona* einer der Marktführer im Markt für Schreibmaschinen. Das Unternehmen hat mehrere Innovationen wie etwa elektronische Rechtschreibprogramme oder Kalkulationsprogramme auf seinen Modellen eingeführt. Das Aufkommen von PCs hat diese Erfolgsgeschichte jäh beendet.

Smith Corona hat den radikalen Wandel richtig und rechtzeitig erkannt. Das Management hat daraufhin den Brand *Smith Corona* als wertvollste Ressource identifiziert und in der Konsequenz viele neue Produktkategorien ins Sortiment aufgenommen und mit diesem Brand versehen. Die bestehenden Kunden wurden etwa mit *Smith Corona* gebrandeten Druckern, Faxmaschinen, Büromöbeln, ja sogar mit einem PC (hergestellt von *Acer*) angesprochen. Die Strategie blieb jedoch erfolglos. Die neuen Produktkategorien erzielten nur 6 % der Gesamtumsätze nebst dem damals noch existierenden Schreibmaschinengeschäft. *Smith Corona* musste später Insolvenz anmelden.

Das Praxisbeispiel zeigt die Wichtigkeit der korrekten Identifikation von wertvollen Ressourcen und Fähigkeiten. Das Management von *Smith Corona* war zutiefst überzeugt, dass der Brand die wertvollste Ressource des Unternehmens war. Alternativen wie etwa die umfassenden Fähigkeiten in der Montage von Feinmechanik oder der Entwicklung von elektronischen Komponenten wurden nicht einmal diskutiert, was potenziell Grundlage für eine erfolgreiche Adaption gewesen wäre. Stattdessen wurden die entsprechenden Produktions- und Entwicklungsstandorte verkauft.

Quelle: Danneels 2011

■ 2.2 Einsatz in entstehenden Wachstumsmärkten

Nun geht es im nächsten Schritt darum, mögliche alternative Einsatzmöglichkeiten der Ressourcen und Fähigkeiten des Unternehmens in neuen entstehenden Wachstumsmärkten zu finden. Die verschiedenen formulierten Szenarien zum radikalen Wandel, wie in Kapitel 1 dargelegt, liefern dafür verschiedene Anhaltspunkte. Darüber hinaus sollte das Management ein möglichst breites Spektrum an möglichen, auch weit entfernten Opportunitäten berücksichtigen.

Ausgangspunkt sind jeweils die in Schritt 1 abstrakt formulierten Leistungen, die aus dem Set an bestehenden Ressourcen und Fähigkeiten erbracht werden können. Welche Probleme können damit gelöst werden? Welche existierenden Produkte stehen damit in Konkurrenz? Welche Kunden können damit etwas anfangen? Wo gibt es Pain Points, die adressiert werden können? Können latente Kundenbedürfnisse mit einem neuen Angebot geweckt werden? Es gilt dabei das Brainstorming-Prinzip: Im Zweifel eine Idee erst einmal aufschreiben. Sie kann nach Bewertung immer noch gekippt werden.

Dieser Schritt ist sehr herausfordernd, weil das Management in unbekanntes Neuland vordringen muss. Da der radikale Wandel die angestammten Märkte schrumpfen oder vernichten wird, werden sich im unmittelbaren Umfeld des Unternehmens keine Opportunitäten ergeben. Man muss weiter über den Tellerrand schauen. In diesem unbekannten Neuland werden auch andere „Sprachen" (z. B. technische Fachbegriffe, Produktauslobungen) gesprochen und es gelten andere „Regeln" (z. B. Preismodelle, Konkurrenzverhalten, Personalmanagement). Das Management muss sich langsam vortasten. Dabei hilft es, sich mit anderen zu vernetzen (siehe Kapitel 3) und mit neuen Ideen erst einmal zu experimentieren (siehe Kapitel 5).

 Begriffswirrwarr in der Literatur – im Kern die gleiche Idee

Das in diesem Kapitel präsentierte Konzept basiert auf den Ideen des sogenannten *resource-based view*, einem Ansatz in der Betriebswirtschaft. Die Literatur nutzt für diesen Ansatz unterschiedliche Begriffe, die verwirrend sein können, so z. B.:

- Kernkompetenzen (engl. *core competencies*) sind spezifische Fähigkeiten, die ein Unternehmen exklusiv besitzt und womit strategische Wettbewerbsvorteile erzielt werden. Häufig dazu zitiert wird die Baumanalogie: Alle Geschäftseinheiten eines Unternehmens (Stamm und Äste) ziehen ihre Kraft aus den Kernkompetenzen (Wurzeln).

- Die VRIO-Kriterien (früher VRIN) werden oft zur Bewertung von Ressourcen und Fähigkeiten herangezogen. VRIO steht für *valuable* (wertvoll), *rare* (selten), *inimitable* (nicht imitierbar) und *organized to exploit* (Organisationsstruktur kann Vorteil nutzen).

- Die Fungibilitätslogik besagt, dass die Ressourcen eines Unternehmens mehrere Leistungen für unterschiedliche Endprodukte erbringen können. Die Aufgabe eines Unternehmens wäre demnach, möglichst viele solcher Services für ein bestehendes Set an Ressourcen zu vermarkten.
- Alternativ und weitestgehend synonym werden auch die Begriffe Assets für Ressourcen und Kompetenzen (engl. *competencies*) für Fähigkeiten (engl. *capabilities*) verwendet. Außerdem wird insbesondere in der älteren Literatur der Begriff Ressourcen (engl. *resources*) als Überbegriff für alles verwendet.

Während diese Begriffe in Nuancen unterschiedlich sind (und die Diskussion dazu viele Regale in den Bibliotheken füllt), teilen sie doch die gleiche Grundidee: Die Wettbewerbsvorteile und die Performance eines Unternehmens beruhen auf seiner einmaligen Ausstattung mit Ressourcen und Fähigkeiten. Demgegenüber steht der sogenannte *market-based view*, der besagt, dass sich Wettbewerbsvorteile und Performance aus der richtigen Positionierung in einem lukrativen Markt ergeben.

Quellen: Penrose 1959; Porter 1980; Teece 1982; Prahalad, Hamel 1990; Barney 1991; Barney 1995

■ 2.3 Bewerten und Selektieren der Opportunitäten

Nicht jede erste Idee ist es wert, weiterverfolgt zu werden. Deshalb müssen die in Schritt 2 identifizierten Geschäftsideen systematisch bewertet und dann diejenigen mit den besten Bewertungen zur Weiterverfolgung selektiert werden. Die Bewertung liefert überdies für die aussortierten Ideen ein Feedback, das eine weitere Überarbeitung und Anpassung dieser Geschäftsidee erlaubt.

Die Bewertung der identifizierten Geschäftsideen erfolgt in zwei Dimensionen: Bewertung der Marktattraktivität und des Company-Fits. Nur wenn eine Geschäftsidee in beiden Dimensionen gut abschneidet, sollte in sie investiert werden. Verzeichnet eine Geschäftsidee etwa eine hohe Marktattraktivität, passt aber mangels Company-Fit gar nicht zum Unternehmen, ist eine erfolgreiche Umsetzung unwahrscheinlich. Gleiches gilt auch für Geschäftsideen mit hohem Company-Fit, aber geringer Marktattraktivität.

Die Marktattraktivität wird mit verschiedenen Kriterien gemessen. Infrage kommen etwa die Marktgröße, das Wachstum, die zu realisierende Profitabilität oder die Wettbewerbsintensität. Während solche Kenngrößen in bestehenden, etablierten Märkten durch eine Vielzahl Marktstudien gut verfügbar sind, bleibt die Marktattraktivität in Perioden von radikalem Wandel schwer fassbar. Nichtsdestotrotz lässt sich auch für neue entstehende Wachstumsmärkte ein einfaches Market Sizing aus Menge mal Preis erstellen. Die Menge ergibt sich aus der möglichen Zielgruppe der Geschäftsidee und der Preis aus ihrer realistischen Zahlungsbereitschaft. Es gilt dabei, jeweils mit dem Stand des aktuell verfügbaren Wissens Entscheidungen zu treffen und diese bei neuen Erkenntnissen umgehend anzupassen.

Beim Company-Fit wird bewertet, wie gut eine Geschäftsidee zum Unternehmen passt. Dabei wird einerseits abgeglichen, wie gut die Geschäftsidee mit den identifizierten Ressourcen und Fähigkeiten tatsächlich adressiert werden kann. Andererseits wird bewertet, wie die Geschäftsidee in der Kultur und Struktur des Unternehmens realisiert werden kann. Bei diesem Punkt ist zu berücksichtigen, dass Kultur und Struktur nicht als statisch zu betrachten sind. Aus dem radikalen Wandel des Geschäftsumfelds folgt zwangsläufig hoher Transformationsbedarf für das Unternehmen. Daher darf die Geschäftsidee auch eine Transformationsleistung des Unternehmens erfordern. Diese muss aber realistisch umsetzbar bleiben.

Vorlage: Bewerten und Selektieren von Geschäftsideen

Gehen Sie zur systematischen Bewertung der Geschäftsideen wie folgt vor: Definieren Sie eigene Kriterien für Marktattraktivität und Company-Fit. Typische Kriterien finden Sie oben im Text. Bewerten Sie dann jede Geschäftsidee auf einer Skala von 1 bis 5. So erhält jede Geschäftsidee einen Durchschnittswert für Marktattraktivität und Company-Fit. Wahlweise können Sie die Kriterien auch noch gewichten und einen gewichteten Durchschnitt bilden. Übertragen Sie dann die Werte auf die Matrix in der Vorlage. Diese dient Ihnen dann als Grundlage für die Diskussionen zur Selektion der geeignetsten Geschäftsideen.

Vorlage zum Download: *plus.hanser-fachbuch.de*

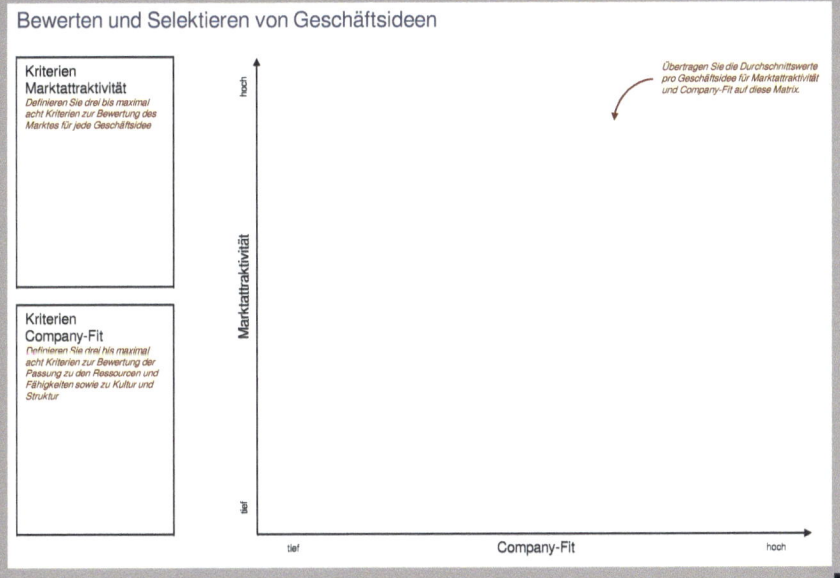

Abschließend soll ein Geheimtipp nicht unerwähnt bleiben, womit etablierte Unternehmen typischerweise einen Wettbewerbsvorteil gegenüber innovativen Start-ups haben: die komplementären Ressourcen und Fähigkeiten. Das sind die Ressourcen und Fähigkeiten, die notwendig sind, um ein Produkt zu produzieren, zu transportieren, zu verpacken, zu vermarkten und so weiter. Mangels Bestandsgeschäft verfügen innovative Start-ups nicht über solche Ressourcen und Fähigkeiten, etablierte Unternehmen jedoch schon.

 Komplementäre Ressourcen und Fähigkeiten sind oft der entscheidende Wettbewerbsvorteil von etablierten Unternehmen gegenüber innovativen Start-ups. ∎

Beispielsweise mag ein junges Biotech-Unternehmen ein neues Medikament bis zur Marktreife entwickelt und dafür auch eine Zulassung in den wesentlichen Märkten erlangt haben. Hat es aber die Fähigkeit, dieses Medikament in großen Mengen zu produzieren? Oder verfügt es über eine flächendeckende Vertriebsorganisation für die Vermarktung? Kaum. Ein etabliertes Unternehmen besitzt jedoch solche Ressourcen und Fähigkeiten. Das Beispiel zeigt, wie in solchen Fällen das etablierte Unternehmen von seinen komplementären Ressourcen und Fähigkeiten profitieren kann.

3

Vernetze dich mit dem Umfeld

- Vom radikalen Wandel ist immer die gesamte Branche und nicht nur ein Einzelunternehmen betroffen. Somit gibt es Leidensgenossen im gleichen Kontext.
- Networking und Austausch mit diesen Leidensgenossen erlaubt ein besseres Verstehen des radikalen Wandels und Erkennen von Opportunitäten und Gefahren.
- Kandidaten für diese Vernetzung sind etwa Wettbewerber, Unternehmen in anderen Verarbeitungs- und Handelsstufen, die Wissenschaft, Thinktanks oder Verbände.

Radikaler Wandel betrifft nie nur ein einzelnes Unternehmen, sondern immer die gesamte Branche in einem bestimmten Markt. Dieses Charakteristikum ist entscheidend in dem Konzept. Weil ein bestimmter Trigger oder eine Kombination von unterschiedlichen Triggern das Geschäftsumfeld komplett verändern, müssen zwangsläufig alle Marktteilnehmer davon betroffen sein. Sollte eine äußere Entwicklung nur ein einzelnes Unternehmen betreffen, jedoch seine Wettbewerber und Geschäftspartner nicht oder nur marginal tangieren, liegt kein radikaler Wandel vor. Selbst der Monopolist ist nicht alleine. Er ist von einem Umfeld von verschiedenen Marktteilnehmern wie etwa Zulieferer oder Abnehmer umgeben, die in Perioden von radikalem Wandel ebenfalls von den Entwicklungen betroffen sind.

Aufgrund dieses Umstands hat ein Unternehmen in Perioden von radikalem Wandel immer Leidensgenossen um sich herum, die mit derselben Entwicklung zu kämpfen haben. Dieses Umfeld ist eine Quelle für fortlaufend neue Erkenntnisse und kritisches Hinterfragen der eigenen Wahrnehmung des radikalen Wandels. Networking und Austausch mit dem Umfeld erlauben, den radikalen Wandel besser zu analysieren und die darin verborgenen Opportunitäten und Gefahren besser zu erkennen und zu verstehen.

Open Innovation

Innovation ist der Schlüssel zur Realisierung von Opportunitäten und zum Anpacken der Gefahren in Perioden von radikalem Wandel. Unter dem Begriff *Open Innovation* ist in den letzten zwei Jahrzehnten ein Konzept entstanden, das sich gegen traditionelle Innovationsansätze abgrenzt, die sich auf die Grenzen des Unternehmens beschränken. Stattdessen wird propagiert, dass sich der Innovationsprozess auf das Umfeld mit verschiedenen externen Partnern wie etwa Lieferanten, Kunden, Wettbewerber oder Universität ausdehnen soll.

Diese Öffnung des Innovationsprozesses kann dabei verschiedene Formen annehmen, die in den folgenden Kategorien subsumiert werden:

- Der *Outside-in*-Modus beschreibt die Erschließung von externen Quellen für Innovation. Es haben sich verschiedene Methoden dafür herauskristallisiert, beispielsweise Crowdsourcing (Auslagerung der Ideengenerierung auf eine Gruppe Freiwilliger) oder der Lead-User-Ansatz (Einbezug von besonders aufgeschlossenen und modernen Benutzern).
- Beim *Inside-out*-Modus wird intern erstellte Innovation außerhalb des Unternehmens verwertet. Eine typische Methode ist die Lizenzierung oder der Verkauf von geschützter Innovation wie etwa Patente oder sonstiges geistiges Eigentum.
- Mit dem *Coupled*-Modus ist die Kombination der beiden vorgenannten Modi gemeint. Dieser Ansatz kommt beispielsweise in Forschungsnetzwerken und Innovationsgemeinschaften zum Einsatz.

Der dabei entstehende Austausch wird je nach Ausgangslage und Interessen des Unternehmens oder der externen Partner monetarisiert und nicht-monetarisiert ausgestaltet.

Durch *Open Innovation* integriert das Unternehmen einen breiteren und vielseitigeren Wissens- und Erfahrungsschatz unter anderem hinsichtlich neuer Technologien, Kundenbedürfnissen oder entstehenden Wachstumsmärkten. Man erhöht damit die Erfolgswahrscheinlichkeit der Innovationen und beschleunigt die Entwicklungszyklen.

Quellen: Chesbrough 2003; Chesbrough, Vanhaverbeke, West 2014

Das Networking und der Austausch erfolgen in drei verschiedenen Richtungen: erstens horizontal mit Wettbewerbern auf der gleichen Wertschöpfungsstufe, zweitens vertikal mit Unternehmen auf unterschiedlichen Verarbeitungs- und Handelsstufen und drittens global mit der Wissenschaft, Thinktanks oder Verbänden. Diese drei Richtungen sind in Bild 3.1 schematisch dargestellt und im Folgenden genauer beschrieben.

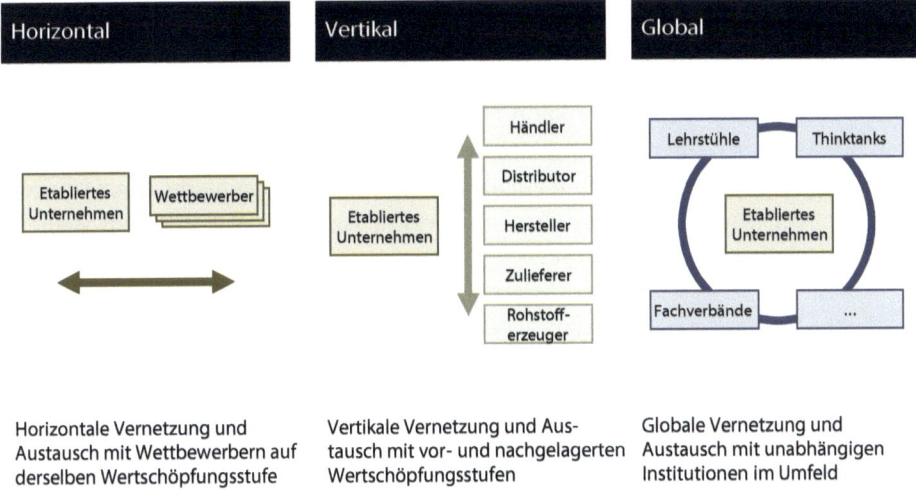

| Horizontale Vernetzung und Austausch mit Wettbewerbern auf derselben Wertschöpfungsstufe | Vertikale Vernetzung und Austausch mit vor- und nachgelagerten Wertschöpfungsstufen | Globale Vernetzung und Austausch mit unabhängigen Institutionen im Umfeld |

Bild 3.1 Networking und Austausch mit dem Geschäftsumfeld

■ 3.1 Horizontale Vernetzung und Austausch

In der horizontalen Richtung erfolgen die Vernetzung und der Austausch mit den direkten Wettbewerbern auf derselben Wertschöpfungsstufe. Die Wettbewerber sind üblicherweise sehr ähnlich vom radikalen Wandel betroffen. So entsprechen beispielsweise die gleichen Kennzahlen nicht mehr dem, was man von der Vergangenheit gewohnt ist, oder die gleichen Ressourcenengpässe werden verzeichnet. Die gleiche Problemstellung führt aber nicht zwangsläufig in jedem Unternehmen zu den gleichen Erklärungsansätzen und Lösungswegen. Durch den Blick auf die Wettbewerber lernt man daher alternative, konkurrierende Ansätze kennen, womit die eigenen Ansätze immer wieder kritisch hinterfragt werden können.

Ein solcher Austausch kann in bestehenden Institutionen wie etwa bei Messen, Verbandstreffen oder Konferenzen stattfinden. Jedoch ist hier Vorsicht geboten. Solche Anlässe können auch die Tendenz haben, die alte Welt zu glorifizieren und den Trigger von radikalem Wandel zu verteufeln – beispielsweise ein angreifendes Start-up, eine neue Technologie oder ein neues Gesetz. In diesen Fällen sind diese Plattformen ungeeignet, um den radikalen Wandel besser zu verstehen.

Darüber hinaus kann es sinnvoll sein, neue Institutionen zu schaffen. Denkbar wären z. B. gegenseitige Besuche von zwei oder mehr Unternehmen. Bei diesen Treffen stellen sich die Vertreter der beiden Seiten gegenseitig ihre Gedanken und Ideen vor, hinterfragen sich kritisch und kommen so zu frischen Ideen. So etwas geht in der Anfangsphase von radikalem Wandel. Sobald sich ein klares Bild über die neuen Formen des Wettbewerbs herauskristallisiert hat, kann ein solcher offener Austausch zwischen Wettbewerbern nicht mehr stattfinden, weil man zunehmend in direktem Wettbewerb um die entstehenden Wachstumsmärkte steht. Dieser Problematik vorbeugen kann man, wenn der Austausch zwar in der gleichen Branche, aber unterschiedlichen geografischen Märkten stattfindet. So könnten beispielsweise ein deutsches und ein amerikanisches Unternehmen einen solchen Austausch institutionalisieren, ohne als direkte Wettbewerber auf dem (neuen) Markt zu konkurrieren.

 Das Not-invented-here-Syndrom (NIH)

Das *NIH* beschreibt die Tendenz gewisser Organisationen, Erfindungen oder Ideen, die nicht aus der eigenen Organisation stammen, abzuweisen oder herabzustufen. Diese Einstellung kann sich sowohl innerhalb einer Organisation, z. B. zwischen Abteilungen, Geschäftseinheiten oder Länderorganisationen, als auch gegenüber externen Quellen, wie etwa Wettbewerber, Zulieferer oder Entwicklungsbüros, entwickeln.

Das Phänomen wurde zuerst bei R&D-Abteilungen beobachtet, die in relativ stabilen Teamstrukturen und über eine längere Zeit in gewissen Fachbereichen eine einzigartige Expertise und dafür de facto ein Monopol entwickelt haben. Das *NIH* kann aber in vielen anderen Funktionen wie beispielsweise Business Development oder Marketing genauso existieren. Die Einstellung ist nicht per se falsch. Wenn eine Organisation hochgradig vertikal integriert ist und externe Innovationsquellen tatsächlich unterlegen sind, kann eine solche Abgrenzung auch aus rationalen Gründen strategisch sinnvoll sein. Jedoch ist dies in Perioden von radikalem Wandel meist nicht der Fall. Im Gegenteil, externe Innovationsquellen sind in diesem Kontext entscheidend. Ein ausgeprägtes *NIH* kann in diesem Fall eine erfolgreiche Adaption verhindern.

Das Management kann die negativen Folgen des *NIH* vermeiden. Dafür braucht das Management ein Gefühl dafür, wie stark das *NIH* in der eigenen Organisation ausgeprägt ist. Das Bewusstsein über die Existenz des *NIH* erlaubt es, entsprechende Gegenmaßnahmen zu ergreifen. So hat beispielsweise *Procter & Gamble* seine umfassende R&D-Organisation nach dem Leitsatz „Connect and Develop" neu strukturiert und damit aktiv zum Anzapfen externer Innovationsquellen aufgefordert. Ähnlich hat *ING Direct* unter dem Titel „Steal with Pride" interne Preise an Tochterunternehmen für die Einverleibung externer Ideen verliehen.

Quellen: Katz, Allen 1982; Lichtenthaler, Ernst 2006; Chesbrough 2003; Sakkab 2002; Dunford, Palmer, Benveniste 2010

■ 3.2 Vertikale Vernetzung und Austausch

Eine weitere Möglichkeit des Austausches liegt in der Vertikalen entlang anderer Verarbeitungs- und Handelsstufen. Während die Formen des Austausches sehr ähnlich sind wie bei der horizontalen Vernetzung, liegt der Nutzen vor allem beim anderen Erfahrungsschatz dieser Zielgruppe.

Vorgelagerte (z. B. Zulieferer) und nachgelagerte (z. B. Handel) Wertschöpfungsstufen sind nebst dem eigenen Markt oft auch noch in weiteren, benachbarten Märkten tätig, die vielleicht eine ähnliche Entwicklung schon einmal durchgemacht haben. In diesen benachbarten Märkten mögen zwar die Produkte und Dienstleistungen vielleicht völlig anders sein, doch kann man vom radikalen Wandel in diesen Märkten einiges lernen, wenn die Entwicklung dort schon fortgeschritten ist. Beispielsweise kann man sich anschauen, welche Trigger den radikalen Wandel wie befeuert haben. Oder man kann studieren, welche neuen Geschäftsmodelle und veränderten Marktstrukturen sich ergeben haben. Die Erkenntnisse aus den benachbarten Märkten müssen dafür abstrahiert und dann auf die eigene Situation angewendet werden. So kann ein echter Erkenntnisgewinn aus der Vernetzung und dem Austausch mit Unternehmen anderer Verarbeitungs- und Handelsstufen entstehen.

 Unternehmen in vor- und nachgelagerten Wertschöpfungsstufen haben in vielen Fällen einen radikalen Wandel in benachbarten Märkten bereits erlebt. Mit diesem Erfahrungsschatz lassen sich auch Implikationen auf die eigene Situation ableiten.

■ 3.3 Globale Vernetzung und Austausch

In der dritten Richtung für Vernetzung und Austausch bewegt sich das Unternehmen von den üblichen, altbekannten Organisationen weg und richtet die Aufmerksamkeit auf andere Institutionen, die sich ebenfalls mit dem radikalen Wandel beschäftigen. Das können beispielsweise bestimmte Lehrstühle an Universitäten, neu gegründete Fachverbände oder Thinktanks sein. In Perioden von radikalem Wandel entstehen solche Institutionen zunehmend, weil das Verständnis des radikalen Wandels auch für die Forschung oder für die Gesellschaft als Ganzes relevant ist.

Der Vorteil der Vernetzung und des Austausches mit diesen Institutionen liegt vor allem darin, dass diese außerhalb der bisherigen Paradigmen denken. Sie sind nicht „vorbelastet" durch einen Erfahrungsschatz, der von bisherigen Geschäftsmodellen und Routinen geprägt ist. Solche konventionellen Denk- und Handlungsmuster sind eher hinderlich, wenn es darum geht, die neuen Realitäten zu verstehen.

Außerdem haben diese Institutionen in der Regel keine spezifischen Geschäftsinteressen wie etwa das implizite Interesse, die bisherigen Geschäftsmodelle retten zu wollen. Diese Ausgangslage erlaubt es, mit Offenheit und Aufgeschlossenheit in einen Gedankenaustausch über die neuen Realitäten, die sich durch den radikalen Wandel ergeben, einzutreten.

Andererseits mangelt es diesen Institutionen an Nähe zu den eigentlichen Märkten und zur Praxis. Hier zeigt sich, wie eine Vernetzung für beide Seiten sinnvoll sein kann. Das etablierte Unternehmen kann genau diese Lücke füllen und damit einer sehr analytisch funktionierenden Institution Praxisnähe bieten. Im Gegenzug tragen die Institutionen zu einem besseren Verständnis des radikalen Wandels des etablierten Unternehmens bei, was eine zwingende Grundlage für die Adaption ist.

 Beispiele von Institutionen für globalen Austausch und Vernetzung

Institution	Kurzbeschreibung
Bündnis für Bildung *www.bfb.org*	Vereinigung von Verlagen, Technologieunternehmen, Start-ups, Kommunen und Bundesländern zur Förderung des digitalen Wandels beim Lehren und Lernen. Unterhält verschiedene Arbeitsgruppen zur Förderung von Innovation und Definition von Industriestandards unter anderem in den Bereichen Interoperabilität, Schultransformation oder Cloud.
Center for Innovation and Sustainability in Local Media *www.cislm.org*	Kompetenzzentrum an der University of North Carolina mit dem Zweck, die Zukunft der lokalen und regionalen Medien zu erforschen. Entwickelt Konzepte für Medien-Start-ups. Erforscht gesellschaftliche Auswirkungen von News Deserts (Regionen ohne lokale Medien).
digitalswitzerland *digitalswitzerland.com*	Branchenübergreifende Organisation mit dem Ziel, Innovation und Unternehmertum am Wirtschaftsstandort Schweiz zu fördern. Fokus liegt bei der digitalen Transformation. Mitgliederstamm umfasst Unternehmen, Universitäten und staatliche Körperschaften.
Digital Therapeutics Alliance *dtxalliance.org*	Verband für Unternehmen und sonstige Organisationen der Gesundheitsindustrie, die sich mit digitalen Therapien beschäftigen. Verbindet unterschiedliche Stakeholder, schafft ein gemeinsames Verständnis der Potenziale und Gefahren und entwickelt Richtlinien für die medizinische adäquate Bewertung neuer Produkte.

Institution	Kurzbeschreibung
European Clean Hydrogen Alliance *www.clean-hydrogen.europa.eu*	Plattform von europäischen Unternehmen, Forschungseinrichtungen und der Europäischen Union zur Entwicklung einer Wasserstoffwirtschaft von der Produktion über die Distribution bis zu industriellen und privaten Verbrauchern sowie zur Koordination der notwendigen Investitionen in diese Technologie.
Fraunhofer-Allianz Bau *www.bau.fraunhofer.de*	Interdisziplinärer Lösungsinkubator der Fraunhofer-Gesellschaft für die Zukunft der Bauwirtschaft. Behandelt und integriert Themen wie Energie- und Ressourceneffizienz, modulares Bauen, Digitalisierung, Smart Cities oder auch Gesundheit im Wohn- und Arbeitsraum. Ziel ist die praxisgerechte Entwicklung von Lösungen für die Bauwirtschaft.
German PropTech Initiative *gpti.de*	Gemeinschaft von Start-ups und innovativen Unternehmen zur Erörterung von neuen Technologien und Geschäftsmodellen im Immobilien- und Bausektor. Organisiert Networking-Events und Workshops. Publiziert Studien zu den neuesten Entwicklungen in diesem Bereich.
Legal Tech Deutschland *www.legaltechverband.de*	Verband zur Förderung von digitalen Geschäftsmodellen und Lösungen im deutschen Rechtsmarkt. Setzt sich für die Digitalisierung des gesamten Rechtsprozesses inklusive beispielsweise für eine digitale Justiz ein. Fördert die Weiterbildung von Juristen mit einem Legal-Tech-Fokus.
Thinktank Industrielle Ressourcenstrategie *www.thinktank-irs.de*	Denkfabrik für das Management knapper Ressourcen in der deutschen Industrie. Fokus auf Reduktion der Treibhausgasemissionen, Resilienz in der Beschaffung und Sicherung wertvoller Ressourcen. Getragen vom Staat und der Industrie. Lokalisiert am Karlsruher Institut für Technologie.
TUM.Mobility *www.mobility.tum.dc*	Forschungsplattform an der Technischen Universität München mit dem Ziel, künftige Mobilität ganzheitlich zu erforschen. Umfasst technologische Innovationen wie autonomes Fahren oder klimafreundliche Antriebe, neue Geschäftsmodelle, aber auch Klimawandel oder soziale Gerechtigkeit.

Nun stellt sich zu guter Letzt die Frage: Wieso sollte man seine eigenen Erkenntnisse zum radikalen Wandel mit so einem breiten Publikum teilen? Wäre es nicht ein strategischer Wettbewerbsvorteil, als Einziger die neuen Realitäten zu kennen? Liefert man damit nicht seinen Wettbewerbern eine Steilvorlage für ein künftiges Konkurrenzverhältnis? Diese Fragestellung verkennt, dass in Perioden von radikalem Wandel noch sehr vieles unbekannt und umstritten ist. Selbst wenn ein Marktteilnehmer von seiner Interpretation der Realitäten und Prognose der Zukunft überzeugt ist, muss ihm noch lange nicht jeder glauben. Es ist daher unwahrscheinlich, dass beispielsweise ein Keynote Speech zur Zukunft der Branche von allen Marktteilnehmern als die reine Wahrheit akzeptiert wird und daraufhin die neuen Strategien aufgebaut werden. Die Gefahr eines verlorenen Wettbewerbsvorteils oder einer Kopie der Ideen ist daher eher gering. Vielmehr überwiegt der Vorteil, durch einen Austausch kritisches Feedback zu den eigenen Ideen zu erhalten und somit die eigenen Vorstellungen weiterentwickeln zu können. Vernetzung und Austausch lohnen sich also zum eigenen Vorteil.

4

Institutionalisiere die Ideengenerierung

- Sobald die groben Züge des radikalen Wandels bekannt sind, werden Ideen zur Realisierung der Opportunitäten und zum Anpacken der Gefahren generiert.
- Bei der Ideengenerierung werden ausgewählte Mitarbeiter involviert. Kernaufgabe des Managements ist es, den Prozess systematisch zu führen und zu koordinieren.
- Offenheit für neue Geschäftsmodelle und vor allem auch der Mut, die bisherigen Geschäftsmodelle selbst zu kannibalisieren, sind kritische Erfolgsfaktoren.

Der Nebel über dem radikalen Wandel lichtet sich nach und nach, je mehr sich das Unternehmen mit den neuen Entwicklungen beschäftigt. Viele Aspekte bleiben zwar bis auf Weiteres verschwommen und schwer fassbar, doch gewinnt das Unternehmen zunehmend ein Verständnis darüber, in welche Richtung sich sein Geschäftsumfeld bewegen wird. Und wenn es nur das eine ist: Die Feststellung, dass sich das Unternehmen tatsächlich in einer Periode von radikalem Wandel befindet und dringender Handlungsbedarf besteht.

Sobald erste Erkenntnisse über die Veränderungen vorliegen, muss das Unternehmen damit anfangen, Ideen zur Adaption zu generieren. Was heißt das konkret? Der radikale Wandel führt zu zweierlei. Erstens zu Opportunitäten, d. h. Möglichkeiten, in neue Geschäftsfelder vorzudringen oder auch im bestehenden Geschäft verschiedene entscheidende Optimierungen vorzunehmen, die vorher nicht möglich waren. Zweitens führt der radikale Wandel aber auch zu Gefahren. Diese gilt es wenn möglich zu eliminieren oder zumindest abzuschwächen, also das Unternehmen so auszurichten, um mit der Gefahr kalkuliert umgehen zu können. In dieser Bandbreite von Handlungsfeldern sollen also Ideen zur Adaption gefunden werden.

Die Ideengenerierung ist keine reine Managementaufgabe. Vielmehr sollen die Expertise, die Erfahrungen und das Netzwerk ausgewählter Mitarbeiter dafür angezapft werden. Dieses Potenzial brachliegen zu lassen, wäre sträflich. Die Kernaufgabe des Managements hierbei ist es, einen systematischen Prozess zur Ideengenerierung aufzusetzen mit dem Ziel, möglichst effektiv die guten Ideen zu selektieren und weiterzutreiben sowie schlechte Ideen frühzeitig auszusortieren.

Das Fehlen eines solchen systematischen Prozesses zur Ideengenerierung kann im Unternehmen zu chaotischen und kräftezehrenden Verhältnissen führen. Ohne Führung und ohne einen strategischen Fokus werden dezentral verschiedenste Ideen entwickelt und weiterverfolgt, die im Unternehmen nicht abgestimmt sind, womit sowohl Redundanzen entstehen als auch übergreifende Ressourcen und Fähigkeiten nicht koordiniert eingesetzt werden können. So werden viel Motivation und teure Arbeitskraft verschwendet. Und nicht zuletzt geht es auch darum, keine Zeit zu verlieren. Die Adaption an radikalen Wandel ist keine optionale Erweiterung des Geschäfts, sondern strategisches Muss. Die Ideengenerierung muss daher koordiniert mit einem klaren Fokus erfolgen.

 Die Ideengenerierung wird aktiv geführt. Ohne einen systematischen Prozess, der vom Management gesteuert wird, werden nicht nur Ressourcen verschwendet, sondern vor allem auch die Mitarbeiter demotiviert und es geht wertvolle Zeit verloren.

Bei der Entwicklung von einem systematischen Prozess zur Ideengenerierung sind verschiedene Bausteine zu beachten. Diese sind in Bild 4.1 zusammenfassend dargestellt und im Folgenden genauer beschrieben.

Strukturierte Meeting-Formate

Ergebnisorientierte Meetings auf Basis vorab recherchierter und abgestimmter Datenbasis

Bewertung und Selektion

Laufende Bewertung und konsequentes Aussortieren nach objektiven Kriterien

Interne Vernetzung und Teilnehmerkreis

Heterogene Teams mit unterschiedlicher Expertise, Erfahrung und Netzwerk

Kuratierte Wissensdatenbank

Zentrale Bereitstellung und Kuratierung der Daten und erstellten Dokumente

Belohnen und Feiern

Atmosphärische Begleitung aller Zwischenerfolge mit Involvierung aller Mitarbeiter

Bild 4.1 Bausteine für institutionalisierte Ideengenerierung

■ 4.1 Interne Vernetzung und Teilnehmerkreis

Trotz integrierender Führungskräftetagungen, Matrixstrukturen und Job Rotation herrscht in den meisten Unternehmen immer noch das klassische Silodenken vor. Die Geschäftseinheiten und Landesorganisationen möchten möglichst autark funktionieren und die Funktionen ziehen sich oft auf ihre unmittelbare fachliche Verantwortung zurück. Hinzu kommt ein ebenso ausgeprägtes Hierarchiedenken.

Bei der Strukturierung der Ideengenerierung müssen diese Grenzen überwunden werden. Es ist daher sinnvoll, möglichst heterogene Teams zur Ideengenerierung zu formen. Diese rekrutieren sich bewusst quer über die Organisationsstruktur, sprich über Geschäftseinheiten, Länder oder Regionen und Funktionen sowie über die Hierarchiestufen hinweg. So entstehen interdisziplinäre Teams, die verschiedene Expertisen, Erfahrungen und Netzwerke vereinen. Wichtig dabei ist, dass diese Teilnehmer sich nicht als Vertreter ihres jeweiligen Bereiches sehen oder gar deren Interessen vertreten. Darum geht es nicht. Vielmehr sollen sie einen ganzheitlichen Blick auf die übergreifenden Herausforderungen des Unternehmens werfen.

Der Teilnehmerkreis soll bewusst reduziert bleiben. Häufig praktizierte Aufrufe an alle Mitarbeiter, sie mögen doch bitte ein paar gute Ideen haben und diese an eine zentrale Stelle melden, sind nicht zielführend. Sie produzieren eine Menge eilig zusammengestellte, unausgegorene Ideen, die auch nicht auf dem bereits vorhandenen Wissensstand beruhen. Zudem können solche Aufrufe viele Mitarbeiter beunruhigen und das Vertrauen in das Management minimieren. Stattdessen sollen wenige geeignete Mitarbeiter bewusst ausgewählt und an die Aufgabenstellung herangeführt werden.

Denkbar ist noch, in einen Prozess zur Ideengenerierung zusätzlich externe Personen zu involvieren. Das können beispielsweise Kunden oder Lieferanten sowie Experten sein. Wie bei den internen Teilnehmern ist auch hier jeweils zu beachten, welchen Input man sich von der Involvierung dieser Personen erhofft. Vielleicht ist es auch vorteilhaft, kritische Stimmen in den Prozess zu holen. Beispielsweise kann man unter Umständen mehr von einem verärgerten Kunden lernen, der kürzlich abgesprungen ist, als von einem langjährigen, zufriedenen Stammkunden.

■ 4.2 Strukturierte Meeting-Formate

Bei der Konzeption der Meeting-Formate zur Ideengenerierung wird gerne mal mit Verweis auf einen vermeintlich kreativen Prozess auf Struktur und Zielsetzung verzichtet. Das ist falsch. Gerade weil die künftigen Entwicklungen in Perioden von radikalem Wandel verschwommen und schwer fassbar bleiben, ist Ergebnisorientierung sehr wichtig. Man verliert sich sonst in langen Diskussionen zu Definitionen, Ausgangslagen oder Interpretationen der Situation. Genauso problematisch wären etwa Ad-hoc-Meetings oder Anhängsel an regelmäßig stattfindende Sitzungen, weil sich gerade ein kleines Zeitfenster ergibt.

Meetings zur Generierung von Ideen müssen einer klaren Struktur und Vorbereitung folgen. Insbesondere hinsichtlich Faktenbasis braucht es Vorarbeit. Zahlen, Daten und Fakten müssen im Vorfeld recherchiert und aufbereitet und vorab von den Teilnehmern als gemeinsam getragene Ausgangsbasis akzeptiert werden. Das eigentliche Meeting soll dann dezidiert eine bestimmte Opportunität oder Gefahr durch den radikalen Wandel thematisieren. Die Diskussion muss klar ergebnisorientiert sein, sprich am Ende müssen eindeutige Handlungsanweisungen an die Teilnehmer oder an andere Stellen im Unternehmen festgelegt werden. Die Umsetzung dieser Planung wird dann im Nachgang systematisch verfolgt.

 Strategic Leadership Forum bei IBM

Radikaler Wandel gehört beim Technologieunternehmen *IBM* zu einer Konstanten in der über 100-jährigen Firmengeschichte. Besonders exponiert war das Unternehmen jedoch zur Jahrtausendwende. Viele technologische Innovationen wie etwa der Router, automatische Stimmerkennung oder RFID versetzten *IBM* in eine Periode radikalen Wandels. Einige dieser technologischen Innovationen hat *IBM* sogar selbst entwickelt, war aber nicht in der Lage, diese zu kommerzialisieren. Die Organisation war gefangen in der kurzfristigen und operativen Denke des Bestandsgeschäfts. Damit war *IBM* unfähig, die vielen Opportunitäten des radikalen Wandels selbst zu erschließen.

Um diesem Problem zu begegnen, wurde mit dem *Strategic Leadership Forum (SLF)* ein Meeting-Format geschaffen, bei dem systematisch eine Strategie für diese Opportunitäten entwickelt wird. Ein *SLF* ist im Kern ein Workshop von dreieinhalb Tagen mit einer vorgegebenen Struktur und einem Zwang, ein Ergebnis vorzulegen. Der Workshop ist interdisziplinär aus zehn bis 15 Teilnehmern zusammengesetzt. Einen Monat vor dem Termin findet ein Kick-off statt, bei dem der Bedarf an Zahlen, Daten und Fakten definiert wird. Diese Faktenbasis wird dann zusammengetragen und zum Studium vorab an alle Teilnehmer versendet. Am ersten Tag des Workshops wird die Opportunität spezifiziert, die realisiert werden soll. Es folgt die Erarbeitung einer Strategie nach einem vorgegebenen Raster. Dabei wird besonderes Augenmerk auf die Implementierung gelegt, indem konkrete Arbeitspakete mit Zielen definiert werden. Dieser Umsetzungsplan wird nach dem Workshop kontinuierlich nachgehalten.

> *IBM* ist dank solchen Methoden die Adaption an den radikalen Wandel gelungen. Während zu Beginn das Servicegeschäft nur 27 % des Geschäfts ausgemacht hat und Software faktisch nicht existierte, machten diese beiden Geschäftsbereiche danach rund 70 % der Umsätze aus.
>
> Quellen: Harreld, O'Reilly, Tushman 2007; Tushman 2016

■ 4.3 Kuratierte Wissensdatenbank

Im Zuge der Erkenntnisgewinnung über die Opportunitäten und Gefahren durch den radikalen Wandel wird an unterschiedlichen Stellen im Unternehmen viel recherchiert und Wissen zusammengetragen. Solche Daten und damit erstellte Dokumente sind eine wichtige Grundlage für die Ideengenerierung. Deshalb muss dieses Material allen Teilnehmern in der Ideengenerierung zentral und einfach zur Verfügung gestellt werden.

Dafür gibt es zwei wichtige Gründe. Erstens Kosten, das Sammeln und Bearbeiten kostet viel Zeit und Geld. Marktdaten oder Experteninterviews werden teuer eingekauft. Auch Besuche von Konferenzen, Seminaren und sonstigen Anlässen verschlingen große Summen. Nicht zuletzt wurde viel teure interne Arbeitskraft in die Erstellung entsprechender Dokumente investiert. Diese Investitionen in die Erkenntnisgewinnung müssen daher in den gesamten Prozess einfließen und dürfen nicht weggeschlossen werden.

Zweitens sind Daten zu radikalem Wandel interpretationsfähig. Das Management und die Teilnehmer der Ideengenerierung müssen daher ein abgestimmtes Verständnis über deren Interpretation erlangen. Glauben wir an Entwicklung X? In welchem Ausmaß wird sich das materialisieren? Und über welchen Zeithorizont? Aber genauso: Wo haben wir unterschiedliche Interpretationen oder Hypothesen zur Zukunft? Wie in Kapitel 1 beschrieben werden dafür unterschiedliche Szenarien entwickelt. Diese abgestimmten Interpretationen müssen allen zugänglich sein, damit die generierten Ideen mit dieser abgestimmten Basis synchronisiert sind.

Um diese Informationen und die dazugehörigen Dokumente allen Teilnehmern sichtbar zu machen, empfiehlt es sich, eine zentrale Wissensdatenbank zu erstellen. Um den Mitwirkenden die Nutzung zu erleichtern, sollte diese strukturiert aufgebaut und vor allem auch kuratiert sein. Das heißt, veraltete oder unbrauchbare Dokumente sollten auch entfernt und neue ergänzt werden, sodass wirklich die strategisch relevanten Dokumente gut zugänglich sind.

■ 4.4 Bewertung und Selektion

Die Bewertung und Selektion der Ideen nehmen eine zentrale Rolle im gesamten Prozess ein. Es geht darum, die Balance zwischen zwei Zielen zu halten. Auf der einen Seite möchte man Erfolg versprechende Ideen auch bei Rückschlägen oder Ungewissheiten nicht frühzeitig beenden, weil damit eine interessante Opportunität verloren ginge. Andererseits sollen schlechte Ideen so früh wie möglich erkannt und aussortiert werden, damit keine wertvollen und knappen Ressourcen zulasten der guten Ideen verschlungen werden.

Diese Balance schafft man am besten durch Einführung eines klassischen Stage-Gate-Prozesses. Dabei durchläuft jede Idee verschiedene Phasen und muss bestimmte Kriterien erfüllen, um in die nächste Phase zu kommen. Werden die Kriterien nicht erfüllt, wird die Idee aussortiert. Solche Gates sind beispielsweise: Besteht ein belegbares signifikantes Marktpotenzial hinsichtlich Marktgröße und -wachstum? Kann das Unternehmen dieses Potenzial mit seinen Ressourcen und Fähigkeiten adressieren? Wie sieht ein grober Business Case aus?

Dieses Auswahlverfahren ist direkt gekoppelt mit der Ressourcenallokation. Diese umfasst erstens die vorhandenen Projektressourcen, also interne Mitarbeiter und Projektbudgets. Und zweitens den Zugang zu den identifizierten wertvollen Ressourcen und Fähigkeiten des Unternehmens (siehe Kapitel 2). Durch ein systematisches Bewerten und Selektieren werden diese knappen Ressourcen gezielt auf wenige Erfolg versprechende Ideen allokiert, statt in der Breite vieler Ideen zu verpuffen. Der Einsatz dieser Ressourcen auf den falschen Projekten ist daher immer mit wesentlichen Opportunitätskosten verbunden.

 Das aktive Aussortieren von schlechten Ideen erfolgt rigoros, sodass die knappen Ressourcen und Fähigkeiten bei den wirklich guten Ideen eingesetzt werden. Ein Weiterlaufen aussortierter Ideen unter dem Radar wird strikt verhindert.

■ 4.5 Belohnen und Feiern

Die Adaption an radikalen Wandel ist ein Marathonlauf mit vielen Höhen und Tiefen. Es gibt keine schnellen Lösungen. Daher ist es umso wichtiger, Zwischenerfolge auch gebührend atmosphärisch zu begleiten. Die Entwicklung von Ideen ermöglicht dafür verschiedene Gelegenheiten. Hier bietet es sich an, die Zwischenerfolge mit allen Mitarbeitern zu teilen, auch denjenigen, die nicht direkt mit der

Ideengenerierung betraut sind. Solche positiven Neuigkeiten wirken für das ganze Unternehmen motivierend.

Abschließend ist noch ein typisches Dilemma bei der Ideengenerierung zu erwähnen: Mit dem radikalen Wandel ist inhärent verbunden, dass bisherige Geschäftsfelder aussterben und von neuen Geschäftsfeldern ersetzt werden. Das etablierte Unternehmen leidet unter dieser Entwicklung, ja es ist sogar in seiner Existenz davon betroffen. Wenn man nun Ideen für neue und veränderte Geschäftsfelder generiert, leistet man selbst einen Betrag, dass sich diese Entwicklung gar beschleunigt. Nichts läge dabei näher, neue Geschäftsfelder nach Möglichkeit zu unterdrücken, die Ideen in den Giftschrank zu schließen und den Schlüssel wegzuwerfen. Wieso sollte man sich selbst ins eigene Fleisch schneiden? Viel besser wäre es doch, die bisherigen Geschäftsfelder und damit das eigene Unternehmen zu retten.

Falsch. Ein solcher Ansatz vernachlässigt, dass sich das Unternehmen in einem größeren Kontext bewegt. Der radikale Wandel findet statt und die neuen Geschäftsfelder werden ohnehin kommen, mit oder ohne das eigene Unternehmen. Dieses Dilemma löst man nur durch gnadenlose Selbstkannibalisierung. Das etablierte Unternehmen muss den Mut aufbringen, selbst neue Geschäftsfelder zu erschließen, auch wenn diese das eigene Bestandsgeschäft angreifen. Diese Überzeugung muss konsequent in die Kommunikation des Managements eingebunden und in den Anreizsystemen des Unternehmens abgebildet werden. Die Adaption wird nur gelingen, wenn man frühzeitig und im Tempo des radikalen Wandels bisherige Geschäftsfelder durch neue ablöst.

5 Experimentiere mit neuen Geschäftsideen

- Das Verständnis des radikalen Wandels, der Opportunitäten und Gefahren bleibt unvollständig, solange es nur auf Beobachtungen, Diskussionen und Analysen beruht.
- Durch das Experimentieren mit neuen Geschäftsideen erhält das Unternehmen ungefiltertes Feedback vom Markt, womit die echten Entwicklungen besser verstanden werden.
- Das Vorgehen beim Experimentieren ähnelt der Frühphase eines Start-ups. Es müssen jedoch diverse kulturelle und organisatorische Spezifika eines etablierten Unternehmens berücksichtigt werden.

Die bisher beschriebenen Aktivitäten zum Verstehen des radikalen Wandels und Erkennen von Opportunitäten und Gefahren sind rein analytischer Natur. Durch Beobachtung, Diskussion und Analysen versucht man, ein möglichst akkurates Bild der neuen Realitäten zu zeichnen. Dieses Bild ist jedoch nur ein Konstrukt der involvierten Personen und damit sehr anfällig für Fehlinterpretationen, Wunschdenken und Lücken. Diese analytischen Eindrücke müssen daher mit der realen Welt konfrontiert werden. Das Unternehmen tut dies, indem mit verschiedenen neuen Geschäftsideen experimentiert wird.

Das Ziel dieses Experimentierens ist nicht zu verwechseln mit dem Aufbau eines neuen Geschäfts und einem Markteintritt. Dafür ist es zu früh, denn der vorhandene Wissensstand für so etwas Risikoreiches und Kostspieliges ist nicht ausreichend. Vielmehr geht es darum, durch echtes Feedback vom Markt und von Kunden besser zu verstehen, in welche Richtung die Reise gehen wird und wie mögliche Lösungen funktionieren können.

Etablierte Unternehmen tendieren dazu, diesen Schritt ins Feld erst sehr spät oder gar nicht zu wagen. Viel lieber werden die Entwicklungen intern weiter hoch und runter diskutiert, ohne dass daraus richtige Implikationen folgen. Damit geht nicht nur wertvolle Zeit verloren, sondern es wird vor allem das Verständnis des radikalen Wandels keinem echten Praxistest unterzogen. Das ist falsch. Die Konfrontation mit der Realität ist essenziell in der Erkenntnisgewinnung.

Beim Experimentieren mit neuen Geschäftsideen tritt das Unternehmen in eine sich wiederholende Feedbackschlaufe von Entwicklung, Testen, Messen und Lernen, um die Geschäftsidee laufend erweitern und verbessern zu können. Die Zielsetzung ist hier zwar nicht anders als bei einem Start-up in seiner Frühphase, wenn noch kein vermarktungsfähiges Produkt besteht. Jedoch ist die Ausgangslage bei einem etablierten Unternehmen deutlich anders als bei einem Start-up. Es ist auf eine Art gefangen in seinen bestehenden Strukturen und Prozessen und kann daher nicht per Ansage wie ein Start-up funktionieren. Um trotzdem ein ähnliches Level an Geschwindigkeit, Flexibilität und Reaktionsfähigkeit beim Experimentieren zu erlangen, sind folgende Punkte zu beachten, die zudem in Bild 5.1 zusammenfassend dargestellt sind.

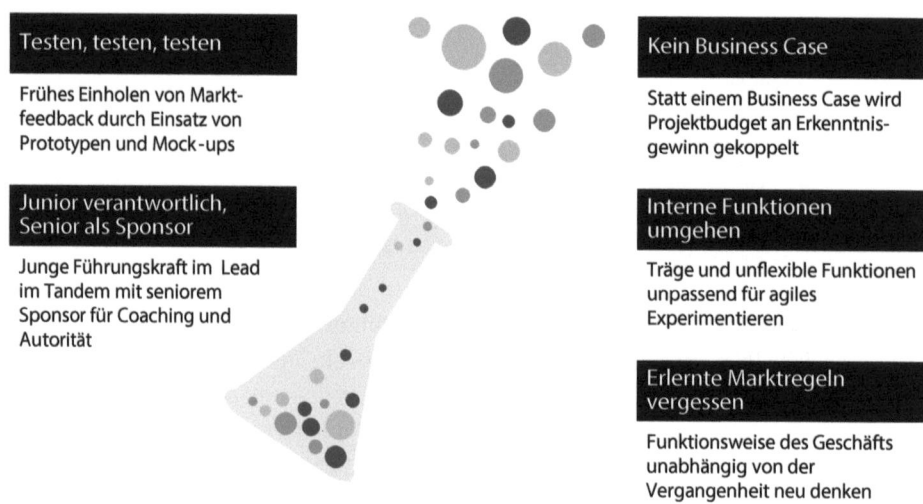

Testen, testen, testen

Frühes Einholen von Marktfeedback durch Einsatz von Prototypen und Mock-ups

Junior verantwortlich, Senior als Sponsor

Junge Führungskraft im Lead im Tandem mit seniorem Sponsor für Coaching und Autorität

Kein Business Case

Statt einem Business Case wird Projektbudget an Erkenntnisgewinn gekoppelt

Interne Funktionen umgehen

Träge und unflexible Funktionen unpassend für agiles Experimentieren

Erlernte Marktregeln vergessen

Funktionsweise des Geschäfts unabhängig von der Vergangenheit neu denken

Bild 5.1 Regeln beim Experimentieren in etablierten Unternehmen

■ 5.1 Testen, testen, testen

Das Ziel beim Experimentieren ist es, ungefiltertes Feedback vom Markt und von Kunden zu erhalten, um so das Verständnis für den radikalen Wandel mit Daten aus der Praxis anzureichern. Darum ist es hierbei wichtig, schnell mit verschiedenen Ideen ins Feld zu gehen, diese zu testen und daraus zu lernen. Der Ansatz hier unterscheidet sich wesentlich von der Produktentwicklung im Bestandsgeschäft. Dort geht es zu Recht darum, ein Produkt zu gestalten, das qualitativ einwandfrei ist und in großer Menge effizient gefertigt und vertrieben werden kann. Beides, Qualität und Menge, spielt beim Experimentieren eine untergeordnete Rolle. Vielmehr soll die Reaktion des Marktes auf bestimmte Produkteigenschaften getestet werden.

Auch das etablierte Unternehmen kann dafür der grundsätzlichen Logik des *Lean Start-ups* folgen (siehe Textbox). Dabei werden unterschiedliche Produkte als Prototypen oder Mock-ups entwickelt und im Markt platziert. Aus der Reaktion der Anwender kann man lernen, was funktioniert und was nicht. In diesem Sinne ist auch ein Misserfolg ein wichtiger Zwischenschritt. Er zeigt frühzeitig, was eben nicht funktionieren kann, bevor die ganze Organisation darauf ausgerichtet wird.

 Der Lean-Start-up-Ansatz

Die Entwicklung neuer Geschäftsideen birgt die Gefahr, dass man lange und mit großem Aufwand an einer Idee herumtüftelt, einen aufwendigen Produktions- und Vertriebsapparat aufbaut, um dann nach Markteinführung herauszufinden, dass die Geschäftsidee ein Flop ist. Da Start-ups typischerweise nur limitierte Ressourcen zur Verfügung haben, bedeutet ein solcher Flop meist das Ende ihrer Existenz.

Um dieser Problematik zu begegnen, wurde unter dem Begriff *Lean Start-up* ein hypothesengetriebener Ansatz des Unternehmertums entwickelt. Bei diesem Ansatz wird die Geschäftsidee in falsifizierbare Hypothesen heruntergebrochen. Diese Hypothesen werden dann in eine Serie von *Minimum Viable Products*, kurz *MVP*, überführt und so schnell wie möglich am Markt getestet. Jedes *MVP* reduziert sich auf die wirklich minimalen Produkteigenschaften oder beispielsweise auch mögliche Zielgruppen, um die jeweiligen Hypothesen zu testen. Hierbei ist zu betonen, dass es sich nicht um ein perfektes oder gar finales Produkt handelt, sondern eben nur um ein Produkt, das die definierte Hypothese abprüfen kann. Das *MVP* kann im Extremfall sogar inexistent sein und nur in Form einer Landing Page, eines Bildes, Texts oder Videos bestehen (sogenanntes *Smoke Testing*). Mit den verschiedenen Markttests lernt das Unternehmerteam, was funktioniert und was nicht funktioniert. Bei positivem Markttest wird die abgeprüfte Produkteigenschaft im weiteren Prozess beibehalten (genannt *Persevere*). Wenn eine Hypothese nicht wie gewünscht funktioniert, erfolgt ein *Pivot*, also eine Veränderung des *MVPs*, womit aufgrund der Erkenntnisse angepasste Hypothesen getestet werden. Oder wenn das *MVP* in den prägenden Eigenschaften am Markt gar nicht funktioniert, soll das Unternehmerteam die Geschäftsidee aufgeben und eine neue entwickeln (genannt *Perish*).

Diese Markttests werden, meist getrieben durch eine Vielzahl von *Pivots*, so lange wiederholt, bis alle Produkteigenschaften mit einem *Persevere* bestätigt werden. Dann und erst dann wurde der Produkt-Markt-Fit erreicht. Wenn dieser vorliegt, können die eigentliche Markteinführung und die produktions- und vertriebstechnische Skalierung der Geschäftsidee erfolgen.

Quellen: Ries 2011; Eisenmann, Ries, Dillard 2013; Chesbrough, Tucci 2020

■ 5.2 Junior verantwortlich, Senior als Sponsor

Organisatorisch stellt sich die Frage, wer im etablierten Unternehmen das Experimentieren mit einem neuen Geschäftsmodell vorantreibt. In einem Start-up ist die Rollenverteilung klar. Der Gründer oder das Gründungsteam sind an höchster Stelle dafür verantwortlich, die neuen Ideen zu initiieren, auszuprobieren und daraus Implikationen für die weitere Entwicklung abzuleiten.

In einem etablierten Unternehmen ist diese Rollenverteilung komplexer. Der CEO kann nicht dafür verantwortlich sein, weil er primär das Gesamtunternehmen führen muss. Sinngemäß gilt das für die Führungskräfte der einzelnen Geschäftseinheiten. Die Delegation der Verantwortung an einen Vertreter einer Funktion wie Einkauf, Fertigung oder Verkauf ist problematisch, weil diese Person nicht über funktionsübergreifende Kompetenzen verfügt. Ebenfalls problematisch ist das Einsetzen einer Stabsfunktion, weil diese nicht über die nötige Autorität verfügt.

Sinnvoll ist es daher, eine junge Führungskraft mit der Aufgabe zu betrauen. Sie kann ohne Vorbelastung und Partikularinteressen die Geschäftsidee weitertreiben und sich damit intern beweisen. Hinzu kommt, dass eine neue Geschäftsidee meist einige Jahre reifen muss, bis sie in großem Stil erfolgreich ist. Eine junge Führungskraft, die noch viele Karrierejahre vor sich hat, kann sich mit einem solchen Zeithorizont besser anfreunden als ein älterer Kollege. So weit, so gut, nur fehlt auch der jungen Führungskraft die Autorität, ein kritisches Projekt im Unternehmen durchzuboxen. Dafür wird ein Tandem mit einem senioren Sponsor eingerichtet. Die Aufgabe des Sponsors ist es, die junge Führungskraft zu coachen, Türen zu öffnen und zu helfen beim Überwinden von organisatorischen Hürden sowie dem Projekt im Unternehmen die nötige Autorität zu verleihen.

 Die Mär von der First Mover Advantage

Sehr oft in der Literatur und noch häufiger im Geschäftsalltag zitiert wird die sogenannte *First Mover Advantage*, also die Idee, dass die ersten Player in einem entstehenden Wachstumsmarkt, die *Pioniere*, zwangsläufig einen strategischen Wettbewerbsvorteil haben. Eine solche allgemeingültige Regel gibt es aber in der Realität nicht. Im Gegenteil ist es sogar so, dass mehr als die Hälfte dieser *Pioniere* gar nicht überleben und sogenannte *Follower*, also erst später eintretende Player, längerfristig oft die Marktführerschaft übernehmen.

Wieso ist das so? *Follower* profitieren von den Investitionen der Pioniere und der Beseitigung von Unsicherheiten. So investieren die *Pioniere* etwa in die Aufklärung der Kunden und in notwendige Infrastruktur, um die entstehenden Wachstumsmärkte zu entwickeln. Die *Follower* können dann sozusagen als Trittbrettfahrer agieren und in den Markt eintreten, wenn dieser bereits einen gewissen Entwicklungsgrad erreicht hat. Etablierte Unternehmen können als *Fast Follower* agieren: Sie warten den optimalen Zeitpunkt des Markteintritts ab und können dann ihre komplementären Ressourcen und Fähigkeiten entsprechend im neuen Geschäft skalieren.

Eine *First-Mover-Advantage*-Strategie kann gemäß empirischen Untersuchungen funktionieren, wenn die folgenden Bedingungen erfüllt sind: Die neue Technologie oder Kundenlösung kann verlässlich geschützt werden. Kritische Ressourcen und Fähigkeiten wurden vorab exklusiv gesichert. Der *Pionier* kann bei den Kunden *Switching Costs* (aufwendiger Wechsel zu einem anderen Anbieter) initiieren.

Quellen: Golder, Tellis 1993; Lieberman, Montgomery 1998

■ 5.3 Kein Business Case

Etablierte Unternehmen pflegen meist eine sehr ausgeprägte Planungskultur. Jeder Geschäftsvorgang wird akribisch geplant. Die Systeme werden damit gefüttert. Und die Einhaltung dieses Planes ist dann oberstes Gebot, um als erfolgreich zu gelten. Dieser Ansatz mag im Bestandsgeschäft sinnvoll sein, doch beim Experimentieren hilft das nicht weiter.

Um einen Business Case erstellen zu können, braucht man eine gute Einschätzung von den wichtigsten Treibern der Geschäftsidee. Wie viele Einheiten können abgesetzt werden? Welche Preise kann man erzielen? Welche variablen und fixen Kosten fallen dabei an? Mit welchen Schwankungen des Geschäfts muss ich rechnen? Und so weiter. Das Ziel des Experimentierens ist es ja gerade, ein besseres Verständnis über solche Treiber zu erlangen. Wenn man sie vorher schon kennen würde, wäre das Experiment nicht nötig. Einen Business Case zu fordern, wäre also nicht nur unsinnig, sondern würde auch unnötig Zeit und Kraft verschlingen.

Stattdessen sollte davon ausgegangen werden, dass das Experimentieren erst einmal Kosten verursacht und in einem so frühen Stadium kaum etwas abwirft. Das Unternehmen muss dafür entsprechendes Funding im Sinne eines Globalbudgets zur Verfügung stellen. Statt also einzelne Positionen mit dem Projektverantwortlichen zu verhandeln, sollte über einen pauschalen Geldbetrag in Verbindung mit einem konkreten, messbaren Erkenntnisgewinn gesprochen werden. Dieses Funding kann dann, ähnlich wie bei Finanzierungsrunden von Start-ups, bei Erfolg und wiederum in Verbindung mit weiteren Erkenntniszielen erweitert werden.

Experimentieren mit neuen Geschäftsideen erwirtschaftet keinen Gewinn, sondern kostet Geld. Forderungen nach unmittelbarem Gewinn, sowie einem genauen Business Case zu folgen, sind fehlgeleitet. Stattdessen wird das Experimentieren als Investition in die Zukunft verstanden.

■ 5.4 Interne Funktionen umgehen

Ein etabliertes Unternehmen ist in der Regel eine gut funktionierende Maschine, in der jede Funktion von Einkauf über Fertigung bis zum Vertrieb wie ein Zahnrad ins andere greift. Diese Struktur ist über Jahrzehnte gewachsen und perfektioniert worden. Während sie dem Bestandsgeschäft zwar hochgradige Effizienz beschert, ist sie doch fürs Experimentieren viel zu träge und unflexibel.

Der Einkauf etwa regelt die Lieferantenbeziehungen bürokratisch mit dem Ziel, die Kosten laufend zu reduzieren, die Lieferketten aufrechtzuerhalten und die Qualität zu sichern. Neue Lieferanten werden nur aufgenommen, wenn sie umfassend geprüft worden sind und seitenlange Verträge und Richtlinien unterzeichnet haben. Das macht Sinn bei wiederkehrenden Lieferungen mit großen Volumen. Bei Kleinstmengen für Experimente, die sich immer wieder verändern, können diese Prozesse sehr hinderlich sein.

Ähnlich problematisch ist die Zusammenarbeit mit der bestehenden Vertriebsorganisation. Der Vertrieb ist darauf bedacht, den Umsatz mit bestehenden Kunden stetig weiterzuentwickeln. Ablenkung durch Experimente, also futuristische und vermutlich in der Form nie wirklich eingeführte Produkte, wird vom Vertrieb als geschäftsschädigend erachtet. Deshalb wird der Zugang zu bestehenden Kunden meist blockiert.

Im Unterschied zu einem Start-up kämpfen in etablierten Unternehmen entwickelte Geschäftsideen daher an zwei Fronten, am Markt und mit den internen Funktionen. Diese internen Barrieren müssen daher durchbrochen werden, indem den Projekten erlaubt wird, diese internen Funktionen zu umgehen und direkt am Markt zu agieren. Nicht zuletzt ist dies auch sinnvoll, weil der Vorteil der internen Funktionen darin liegt, bei großem Volumen effiziente Prozesse zu gewährleisten. Da es beim Experimentieren nie um große Volumen geht, muss diese Struktur auch nicht dafür in Gang gesetzt werden.

 Die internen Funktionen eines etablierten Unternehmens sind gebaut, um bestehendes Geschäft mit großem Volumen zu administrieren. Beim Experimentieren wirken diese trägen Strukturen als Bremse und werden folgerichtig dafür nicht aktiviert.

■ 5.5 Erlernte Marktregeln vergessen

Die Erfahrungen aus dem Bestandsgeschäft sind prägend für das eigene Verständnis. Was wollen die Kunden? Was darf ein Produkt oder eine Dienstleistung kosten? Wie soll diese verrechnet werden? Welche Stakeholder sind in diesem Geschäft wichtig? Solche Fragen kann eine Führungskraft eines etablierten Unternehmens gut beantworten, weil sie meist über Jahre oder gar Jahrzehnte in dem Unternehmen oder in der Industrie gearbeitet hat und sich dabei bestimmte Gewissheiten ergeben haben.

In Perioden von radikalem Wandel kann man aber genau auf solche Gewissheiten nicht mehr vertrauen. Das Geschäft wird in seinen Grundfesten verändert. Funktioniert beispielsweise das Bestandsgeschäft nach einem Abomodell, heißt das nicht, dass auch das künftige Geschäft so funktionieren muss. Auch Preise können sich auf einem komplett anderen Niveau einpendeln. Oder bisherige Nischen können sich zu großen Märkten entwickeln, während andere gänzlich verschwinden.

Beim Experimentieren mit neuen Geschäftsideen müssen genau diese alten Gewissheiten abgelegt und komplett neu gedacht werden. Es wäre falsch, zu versuchen, Aspekte aus dem Bestandsgeschäft auf das neue Geschäft zu übertragen, nur weil es gerade gut passt. Alle Parameter sind sozusagen in Bewegung, und durch das Testen verschiedener Produktmerkmale kann man sich der neuen Realität nähern.

Etablierte Unternehmen tun sich grundsätzlich schwer damit, sich außerhalb der bestehenden Geschäftsfelder und in radikal veränderten Realitäten zu bewegen. Gleichzeitig erschließen junge Start-ups ohne nennenswerte Erfahrung und schon gar nicht mit den Ressourcen und Fähigkeiten eines etablierten Unternehmens ausgestattet in Windeseile neue Geschäftsfelder. Manch frustrierte Führungskraft fordert dann von ihren Mitarbeitern: „Handelt doch mal wie ein Lean Start-up" (siehe Textbox). Die Ausführungen in diesem Kapitel sollen zeigen, dass dies nicht ohne Weiteres geht.

 Ein etabliertes Unternehmen ist und wird kein Start-up. Die kulturellen und organisatorischen Spezifika müssen gewürdigt werden und können – richtig eingesetzt – zur Stärke im gesamten Adaptionsprozess werden. ■

Etablierte Unternehmen sind nicht einfach nur größere oder ältere Start-ups. Sie haben spezifische Eigenschaften, womit die Ansätze aus dem *Lean-Start-up*-Konzept nicht durchgängig angewendet werden können. Etablierte Unternehmen pflegen eine ausgeprägte Budgetplanungskultur. Sie haben bereits hochskalierte Prozesse, Strukturen und Rollen. Diese Eigenschaften machen beispielsweise die Einführung von *MVPs* und schnelle *Pivots* schwieriger. Während die grundsätzliche Idee von mehreren Markttests und der Verzicht auf perfektionierte und hochskalierbare Produkte beim Experimentieren genau richtig sind, müssen die spezifischen Eigenschaften mit den hier beschriebenen Punkten ebenso berücksichtigt werden. So werden auch die vorhandenen Stärken von etablierten Unternehmen gegenüber Start-ups sinnvoll eingesetzt.

6 Pirsche dich schrittweise an neues Geschäft heran

- Trotz diverser Analysen, Abklärungen und Experimente fehlen dem Unternehmen die wirklich praktischen Erfahrungen mit dem radikalen Wandel.
- Wissenslücken bestehen sowohl hinsichtlich der Kultur der Start-up-Szene, die sich mit dem radikalen Wandel beschäftigt, sowie auch der konkreten kommerziellen Daten zu ihren Geschäftsmodellen.
- Praktische Erfahrungen müssen daher durch schrittweises Heranpirschen an neues Geschäft gesammelt werden, ohne bereits mit umfassenden Investitionen voll ins Risiko zu gehen.

Das Unternehmen hat durch die bisher beschriebenen Aktivitäten eine abgeklärte Meinung darüber gebildet, wie sich das Geschäftsumfeld entwickeln wird und welche Opportunitäten und Gefahren sich dadurch ergeben werden. Es bleibt jedoch trotz aller Anstrengungen für ein besseres Verständnis ein Außenseiter vom wahren Geschehen. Der richtige Wandel findet ja schließlich in den neu entstehenden Start-ups und nicht in den etablierten Unternehmen statt – eine Party, zu der man meist nicht eingeladen ist. Die genauen Ausprägungen der Veränderungen bleiben daher zumindest teilweise immer noch verschwommen und schwer fassbar.

Das ist problematisch, denn als Außenseiter fehlt einem der praktische Einblick in den radikalen Wandel. Es ist wie beim Reisen. Man kann zwar über ein bestimmtes Land viele Bücher lesen, Dokumentationen schauen, Gerichte nach recherchiertem Rezept kochen, ja sogar die Sprache lernen. Doch so wirklich hat man Land und Leute erst verstanden, wenn man dort hingereist ist. Und sinngemäß fehlt dem Unternehmen bisher die „Reise" in die Welt des radikalen Wandels.

Die Wissenslücken, die ohne diesen praktischen Einblick bestehen, sind vielseitig. Einerseits sind das eine Reihe von kulturellen Aspekten. Wie blicken die verantwortlichen Personen in diesen neuen Geschäftsmodellen auf die Welt? Welche Werte und Zielvorstellungen haben sie? Was motiviert sie? Welche Sprache wird dort gesprochen? Bis hin zu: Wie sehen die aus? Wie kleiden sie sich? Diese Dinge sind nicht zu vernachlässigen. Schließlich geht es im Endeffekt darum, dass das etablierte Unternehmen potenziell in diese Welt einsteigt. Macht es dann mit oder grenzt es sich ab? Das kulturelle Verständnis ist dafür sehr wichtig.

Andererseits sind die kommerziellen Aspekte genauso wichtig. In großen, etablierten Märkten ist es relativ einfach, kommerzielle Eckdaten zu erhalten. Die großen Player auf diesen Märkten haben verschiedene Publikationspflichten, womit man schön aufbereitet verschiedenste Informationen einsehen kann. Zudem gibt es immer wieder Mitarbeiter, die vom Wettbewerber ins eigene Unternehmen wechseln und Auskunft geben können. Das ist anders bei kleinen Start-ups in entstehenden Wachstumsmärkten. Sie sind per Definition noch klein und dadurch noch intransparent. Es ist daher nicht so einfach, zu belastbaren Zahlen zu kommen, mit denen man das Geschäftsmodell, etwa seine Werttreiber und Risiken, besser verstehen kann. Die Information bekommt man nur, wenn man direkten Zugriff auf das Management und entsprechende Dokumentationen erhält.

 Ohne echtes Eintauchen in die kulturellen und kommerziellen Realitäten der neuen Geschäftsfelder bleibt diese Welt für das etablierte Unternehmen eine Blackbox. Es pirscht sich daher, ohne ins volle Risiko zu gehen, schrittweise an diese Welt heran.

Nun wäre dieser Zugriff für das etablierte Unternehmen möglich, indem man entweder solche Start-ups akquiriert oder selbst in diese neuen Geschäftsmodelle expandiert. Doch dafür ist es zu früh. Der radikale Wandel ist immer noch in einem sehr frühen Entwicklungsstadium und die Richtung der Entwicklungen noch weitestgehend unbekannt. Es geht ja immer noch darum, die Entwicklungen besser zu verstehen, und noch nicht darum, umfassend in diese zu investieren. Das Risiko wäre noch zu groß.

Es muss daher ein Mittelweg gewählt werden, wie die neuen Geschäftsmodelle trotzdem greifbarer und verlässlicher verstanden werden können. Dabei pirscht sich das Unternehmen schrittweise an das neue Geschäft heran, ohne vollständig darin zu investieren. Bild 6.1 zeigt die dafür möglichen Wege, die im Folgenden genauer beschrieben sind.

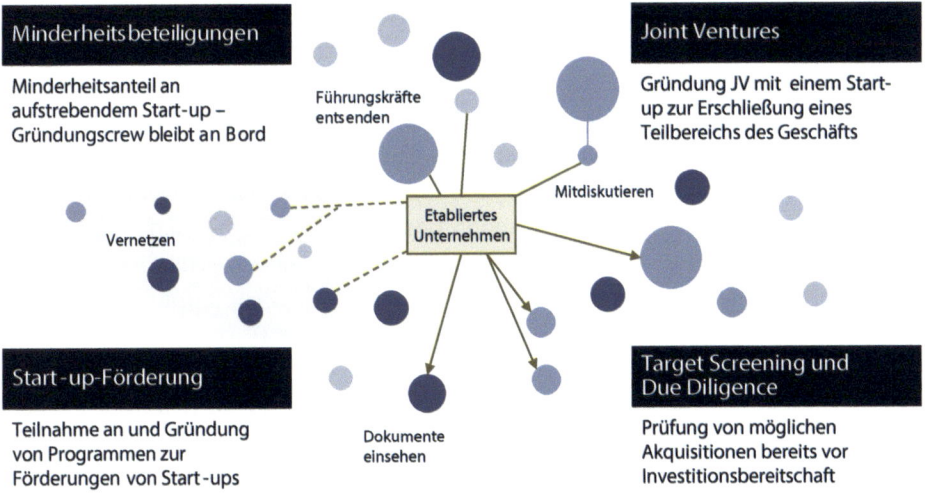

Bild 6.1 Wege zum Heranpirschen an neues Geschäft

■ 6.1 Minderheitsbeteiligungen

Ein klassischer Weg, sich an ein neues Geschäftsmodell heranzupirschen, ohne gleich mit vollem Risiko engagiert zu sein, ist über eine Minderheitsbeteiligung an einem entsprechenden Start-up. In einem solchen Konstrukt bleibt die bisherige Führungscrew, meist die Gründer, die frühen Mitarbeiter und Investoren, an Bord. Damit wird sichergestellt, dass das Start-up wie gehabt mit dem Drive, der Kultur und dem Know-how weitergeführt werden kann. Der Minderheitsanteil sollte einerseits maximal so hoch sein, dass ein Totalverlust verkraftbar bleibt, und anderseits mindestens so hoch sein, dass durch die Beteiligung volle Einsicht in die Geschäftsangelegenheiten und strategisches Mitspracherecht besteht.

Es ist auch interessant, durch so eine Beteiligung später einmal einen schönen Beteiligungsgewinn zu erzielen und durch Vorkaufsrechte bei erfolgreichem Geschäftsgang die Beteiligung aufstocken zu können. Doch das ist hier nicht das primäre Kalkül. Stattdessen geht es immer noch darum, mehr über den radikalen Wandel zu lernen. Das geschieht durch die strategische Teilhabe an der Entwicklung dieses Start-ups. Das Management des etablierten Unternehmens wird als Teilhaber in die strategischen Diskussionen involviert. Idealerweise kann sogar eine junge Führungskraft als Geschäftsführer entsendet werden. Über diese Kanäle werden die in diesem Kapitel geforderten praktischen Erfahrungen gesammelt, um die Kultur und die Geschäftsmodelle noch besser zu verstehen.

Außerdem wird das etablierte Unternehmen als Investor in ein Start-up in einem bestimmten entstehenden Wachstumsmarkt Teil dieser Szene. Man lernt andere Start-ups in unterschiedlichen Entwicklungsstufen kennen, weil sie Wettbewerber, Wegfährten oder alte Freunde sind. Man lernt also den gesamten Bereich besser kennen und wird nahezu automatisch zu Workshops, Tagungen und Finanzierungsrunden eingeladen. Es kann also sehr gut sein, dass man durch eine Minderheitsbeteiligung an einem Start-up einen bestimmten entstehenden Wachstumsmarkt besser einschätzen kann, später dann aber nicht das ursprüngliche Start-up übernimmt, sondern seinen Wettbewerber. Die ursprüngliche Minderheitsbeteiligung war also nur das Eintrittsticket in den entstehenden Wachstumsmarkt.

 Etablierte Unternehmen, Start-ups (de novo) und Diversifizierer (de alio)

Im Kontext von radikalem Wandel treten üblicherweise drei Typen von Unternehmen in die entstehenden Wachstumsmärkte ein: Die etablierten Unternehmen sind die altbekannten Player, die bereits in den bisherigen, strukturell rückläufigen Bestandsmärkten aktiv waren. Start-ups, auch *De-novo*-Unternehmen genannt, sind neu gegründete Unternehmen mit dem Ziel, die entstehenden Opportunitäten zu erschließen. Und schließlich die Diversifizierer, auch *De-alio*-Unternehmen genannt, sind etablierte Unternehmen, die aus einer anderen Branche stammen und in die ihnen bisher fremden entstehenden Wachstumsmärkte eintreten. Verschiedenste Forschungsarbeiten haben typische strategische Vor- und Nachteile identifiziert, die diesen Unternehmenstypen abhängig von Kontext und individueller Ausgangslage begegnen. Diese sind in der folgenden Tabelle zusammengefasst.

	Typische strategische Vorteile	Typische strategische Nachteile
Etablierte Unternehmen	▪ Ausstattung mit komplementären Ressourcen und Fähigkeiten (z. B. Vermarktungskompetenzen, Produktionskompetenzen)	▪ Limitierung der Kognition des Managements auf das Bestandsgeschäft und auf vergangene Erfahrungen ▪ Trägheit der Organisation/Verharrung auf bestehenden Routinen ▪ Unzureichende Investitionen in neue Technologien und Kundenlösungen ▪ Einseitige Fokussierung auf bestehende Kunden und Stakeholder (statt neuen)

	Typische strategische Vorteile	Typische strategische Nachteile
Start-ups (*De-novo-Unternehmen*)	• Guter Zugang zu neuen Technologien und Kundenlösungen (aufgrund Gründung einzig für den Eintritt in neue entstehende Wachstumsmärkte) • Mehr Flexibilität durch Unabhängigkeit von alten Kunden und Stakeholdern oder bestehenden Prozessen	• Fehlen von komplementären Ressourcen und Fähigkeiten (z. B. Vermarktungskompetenzen, Produktionskompetenzen) • Fehlen von eingespielten organisatorischen Prozessen • Verletzlichkeit und Hindernisse aufgrund von Alter und Größe
Diversifizierer (*De-alio-Unternehmen*)	• Finanzielle Ausstattung, Organisationsstruktur, Managementfähigkeiten • Transferierbare technologische Ressourcen und Fähigkeiten • Adaptionserfahrung durch Eintritt in neue Märkte, Integrationskompetenzen, Transformationskompetenzen	• Fehlen von komplementären Ressourcen und Fähigkeiten (z. B. Vermarktungskompetenzen, Produktionskompetenzen)

Quellen: Teece 1986; Christensen 1997; Klepper, Simons 2000; Tripsas, Gavetti 2000; King, Tucci 2002; Teece 2006; Danneels 2007; Kaplan, Tripsas 2008; Benner, Tripsas 2012; Chen, Williams, Agarwal 2012

■ 6.2 Joint Ventures

Ein weiterer Weg, einen Fuß in die Türe von einem entstehenden Wachstumsmarkt zu bekommen, ist über ein Joint Venture. Auch hier führt der Weg über die Verbindung zu einem innovativen Start-up in einem entstehenden Wachstumsmarkt. Statt sich allerdings direkt am Start-up zu beteiligen, gründet man mit ihm ein Joint Venture, das mit einem bestimmten Teilaspekt des Geschäfts betreut wird.

Typischerweise ist dies die Expansion in ein neues Land oder eine Region. In diesem Fall hat das Start-up seine Geschäftstätigkeit in seinem Heimatland gestartet und möchte in das Land des etablierten Unternehmens expandieren. Dafür fehlt dem Start-up vielleicht entsprechendes Markt-Know-how, eine regulatorische Zulassung oder es möchte schlicht das Risiko nicht alleine eingehen. Hier kann das etablierte Unternehmen einspringen, und es wird ein Joint Venture gegründet, um den Markt gemeinsam bearbeiten zu können. Etwas allgemeiner formuliert geht es darum, dass das etablierte Unternehmen eine strategische Lücke des Start-ups schließen kann. Nebst dem Marktzugang könnte das auch eine andere Ressource oder Fähigkeit (siehe Kapitel 2) sein.

Der Erkenntnisgewinn für das etablierte Unternehmen erfolgt dann ähnlich wie bei der Minderheitsbeteiligung: Es bringt sich mit seinem Management und seinen entsandten Führungskräften in die Unternehmensführung ein. Dadurch lernt es, wie das Geschäft funktioniert, welche Kultur gepflegt wird und wie sich das Geschäftsmodell konkret weiterentwickelt.

 Vom Zeitungsverlag zum Internetkonzern: Die Adaption von Axel Springer

Der Markt für Zeitungen und Zeitschriften befindet sich seit der Jahrtausendwende in einem radikalen Wandel. In den letzten zwei Jahrzehnten hat er ein Drittel seines Wertes unwiderruflich verloren. Das deutsche Medienunternehmen *Axel Springer* hatte zu Beginn dieser Entwicklung ein nahezu ausschließlich aus Printmedien bestehendes Portfolio. Heute macht der Konzern 73 % seines Umsatzes mit digitalen Medien und hat sein EBITDA in dem Zeitraum verdreifacht.

Diese eindrucksvolle Performance ist dem Unternehmen gelungen, weil es sich konsequent an den radikalen Wandel adaptiert hat. So wurde massiv in Kleinanzeigenportale und digitale Medien investiert, außerdem wurden klassische Printmedien veräußert. Heute wissen wir, dass diese Strategie goldrichtig war. Doch zu Beginn des radikalen Wandels war das noch nicht so selbstverständlich. *Axel Springer* musste sich deswegen schrittweise an die neuen Geschäftsmodelle heranpirschen.

Heute ist das digitale Jobportal *StepStone* das wertvollste Asset im Portfolio. *Axel Springer* hat mit dem ursprünglich norwegischen Start-up in Jahr 2004 ein Joint Venture geschlossen, um den deutschen Markt zu bearbeiten. Dies erlaubte *Axel Springer* über einige Jahre, das neue, digitale Geschäftsmodell zu studieren und das Management sowie die Unternehmenskultur besser kennenzulernen. Insbesondere war die Zeit wichtig, um herauszufinden, dass digitale Jobportale tatsächlich der große neue Wachstumsmarkt sein werden und Jobanzeigen aus den Zeitungen verbannen werden. Also hat *Axel Springer* dann fünf Jahre später im Jahr 2009 das gesamte Unternehmen gekauft.

Nach dem gleichen Prinzip ist *Axel Springer* bei der Akquisition des erfolgreichen digitalen Newsportals *Politico* vorgegangen. Über viele Jahre wurde im Rahmen eines Joint Ventures für den europäischen Markt gemeinsam *Politico Europe* betrieben. Wieder konnte *Axel Springer* dieses neue, digitale Geschäftsmodell verstehen lernen und Kontakte zum Management in den Vereinigten Staaten knüpfen. Als dann klar wurde, dass sich mit dem Geschäftsmodell ein künftig funktionierendes Geschäftsmodell für Journalismus im digitalen Zeitalter entwickeln wird, hat *Axel Springer* wiederum das gesamte Unternehmen mit seinen Aktivitäten in den Vereinigten Staaten akquiriert.

Zusammenfassend ist *Axel Springer* mit dieser Vorgehensweise also zweierlei gelungen. Erstens konnten die neuen entstehenden Geschäftsmodelle in der Praxis mit vergleichsweise geringem Risiko verstanden werden. Und zweitens konnte das Unternehmen dann, als klar wurde, dass sich damit ein großer, neuer Wachstumsmarkt auftut, dank gut geknüpfter Kontakte vollständig in diese Start-ups einsteigen.

Quelle: Leemann, Kanbach, Stubner 2021

■ 6.3 Start-up-Förderung

Junge Unternehmen in einem entstehenden Wachstumsmarkt werden durch verschiedenste Programme vom Staat, von privaten Initiativen, von Universitäten oder auch von etablierten Unternehmen gefördert. Es gibt dafür unterschiedlichste Formate, doch haben sich vor allem zwei wesentliche Programmtypen durchgesetzt: Inkubatoren und Acceleratoren.

In beiden Fällen handelt es sich um ein umfassendes Förderprogramm als Starthilfe für Start-ups, das nebst reinem Startkapital vor allem auch Mentoring und Coaching, Büroräumlichkeiten oder Zugang zu Infrastruktur wie etwa IT oder Labore gewährleistet. Die Start-ups durchlaufen jeweils ein vordefiniertes Programm mit einem Stage-Gate-Prozess und üblicherweise einer fixen Dauer von wenigen Monaten. Die zwei Programmtypen unterschieden sich durch die Reife der Geschäftsidee. In einem Inkubator werden Gründungsteams mit einer sehr groben Idee gefördert. Das Ziel der Teilnahme ist die Entwicklung eines Geschäftsmodells. Teilnehmende Start-ups von Acceleratoren-Programmen haben bereits ein Geschäftsmodell definiert, und das Ziel ist, dieses zur Marktreife zu bringen. Die Start-ups geben für die Teilnahme an diesen Programmen üblicherweise Anteile am Start-up ab.

Durch diese Förderprogramme werden die künftigen Wettbewerber des etablierten Unternehmens herangezüchtet. Wieso also soll dieses daran teilnehmen? Der radikale Wandel findet statt, ob das etablierte Unternehmen teilnimmt oder nicht. Es ist nicht möglich, die Entwicklung zu verhindern. Das etablierte Unternehmen muss Teil der Entwicklung werden. Durch Teilnahme an solchen Förderprogrammen sammelt es Praxiserfahrung und schärft damit sein Verständnis des radikalen Wandels weiter. Die Teilnahme kann unterschiedlich umfassend ausfallen. Die Minimalvariante wäre, Führungskräfte des Unternehmens als Mentoren und Coaches bei fremden Programmen zur Verfügung zu stellen. Für eine kleine Zeitinvestition lernen diese viel Neues kennen, was bei der Adaption hilft. Deutlich umfassender wäre, sich selbst an einem solchen Programm zu beteiligen oder ein eigenes aufzubauen. Die Entscheidung dafür ist eine Investitionsentscheidung für die Zukunft, die entsprechend vom Management abgewogen werden muss. Je größer das Engagement, desto größer der Erkenntnisgewinn.

Als Mentoren und Coaches im Rahmen von Start-up-Förderprogrammen lernen Führungskräfte von etablierten Unternehmen ohne großes finanzielles Risiko neue Geschäftsfelder aus erster Hand kennen.

Typologie für Corporate Accelerators

Um den radikalen Wandel besser zu verstehen und in vielversprechende Start-ups investieren zu können, haben in den vergangenen Jahren einige etablierte Unternehmen Corporate Accelerators aufgebaut. Die Zielsetzungen und Ansätze dieser Acceleratoren sind jedoch heterogen. Im Vergleich eines Samples von 24 deutschen Acceleratoren lassen sich fünf verschiedene Typen identifizieren:

- *Test Laboratory:* Bei diesem Accelerator-Typ wird ein geschütztes Umfeld geschaffen, um eine bestimmte Geschäftsidee zu testen. Dabei können nebst externen Start-ups auch interne Projekte teilnehmen.
- *Value Chain Optimiser:* Hier wird das Ziel verfolgt, Beteiligungen an Start-ups zu erwerben, die einen Mehrwert entlang der bestehenden Wertschöpfungskette für das etablierte Unternehmen darstellen. Dabei kann es sich um Verbesserungen von Fähigkeiten wie beispielsweise einer Vertriebstechnologie oder um gänzlich neue Produkte und Dienstleistungen handeln.
- *Value Chain Extender:* Mit diesem Accelerator-Typ versucht das etablierte Unternehmen durch Beteiligungen und Förderungen von Start-ups die eigene Wertschöpfungskette zu erweitern. Das geschieht beispielsweise durch komplementäre Produkte und Dienstleistungen.
- *Deal Flow Maker:* Das etablierte Unternehmen geht Minderheitsbeteiligungen an Start-ups ein, die nicht zwingend in der eigenen Branche tätig sind. Das Motiv ist rein finanziell, nämlich zu einem späteren Zeitpunkt mit einem großen Beteiligungsgewinn aussteigen zu können.
- *Welfare Stimulator:* Statt um strategische oder finanzielle Vorteile für das etablierte Unternehmen geht es bei diesem Accelerator-Typ darum, Innovation ganz allgemein zu unterstützen. Es wird damit das Ziel verfolgt, das Gemeinwohl und die wirtschaftliche Prosperität zu fördern.

Diese Übersicht zeigt, dass Accelerator nicht gleich Accelerator ist. Das etablierte Unternehmen muss sich Gedanken machen, welche genaue Zielsetzung mit der Gründung eines Accelerators erreicht werden soll. Daraus ergibt sich dann dessen genaue Ausgestaltung.

Quellen: Kanbach, Stubner 2016; Veit et al. 2021

■ 6.4 Target Screening und Due Diligence

Obwohl es im Stadium vom Verstehen des radikalen Wandels noch zu früh wäre, wirklich große Investitionen in neue Geschäftsmodelle, Ressourcen und Fähigkeiten zu tätigen, sollte sich das Unternehmen bereits schon einmal umschauen. Konkret sollte es damit anfangen, nach möglichen Akquisitionstargets zu suchen und diese auch im Sinne einer Due Diligence zu prüfen.

Wieso bereits jetzt diesen Aufwand betreiben? In erster Linie ist die Suche nach möglichen Akquisitionstargets und insbesondere deren Prüfung eine ideale Möglichkeit, konkrete und greifbare Informationen zu neuen Geschäftsmodellen zu erhalten. Weil es sich um entstehende Wachstumsmärkte handelt, sind solche Informationen nicht anderweitig extern verfügbar. Der Zugang zu Dokumenten bei Due-Diligence-Prozessen (z. B. Teaser, Pitch Decks, Info Memos, Datenraum) ist also eine exklusive Möglichkeit, aus erster Hand zu lernen und sogar spezifische Fragen ans Management stellen zu können. Daher lohnt sich der Aufwand im Sinne der Erkenntnisgewinnung, auch wenn es zu keinem Abschluss kommen sollte. Außerdem kann ein solcher Prozess, weil dabei ein hinreichendes Verständnis über den radikalen Wandel entsteht, zu einer tatsächlichen Akquisition führen. So wechselt das Unternehmen nahtlos von den Sensing- zu Seizing-Aktivitäten (siehe Teil II).

 Aufmerksamkeit des CEOs ist entscheidend

Die Glasfasertechnologie hat einen radikalen Wandel im Markt für Kommunikationstechnologien eingeleitet. Zwei verwandte Studien haben die Adaption der Unternehmen auf diesem Markt untersucht und herausgefunden, dass die Aufmerksamkeit, die ein CEO entweder gegenüber der neuen oder der alten Technologie aufbringt, darüber entscheiden kann, wie schnell sich das Unternehmen an den radikalen Wandel anpasst.

Die zwei Studien untersuchten die Aktionärsbriefe von 71 Unternehmen in der Kommunikationstechnologie, die an amerikanischen Börsen gehandelt wurden (davon rund 90 % auch mit Sitz in den USA), während des radikalen Wandels hin zur Glasfasertechnologie. Je höher die Aufmerksamkeit des jeweiligen CEOs für die neue Glasfasertechnologie war, desto schneller haben diese Unternehmen in diese Technologie investiert und den Markteintritt gewagt. Die gleiche Beobachtung konnten die Forscher mit umgekehrtem Vorzeichen machen: Je mehr sich die CEOs mit der alten Technologie befasst haben, desto langsamer war die Reaktion des Unternehmens.

Die Studien zeigen, dass ein höheres Aufmerksamkeitslevel hin zu den neuen Realitäten des radikalen Wandels – in diesem Fall eine neue Technologie – zu einer beschleunigten Adaption führen kann.

Quellen: Kaplan 2008; Eggers, Kaplan 2009

Die Zielsetzung bei allen vier beschriebenen Wegen ist es, durch Eintauchen in die praktische Entwicklung der Start-ups, die den radikalen Wandel antreiben, diesen besser zu verstehen. Bild 6.2 zeigt, wie gut die vier vorgestellten Wege dieses Ziel erfüllen. Die Aktivitäten spielen sich allerdings immer nur auf einer individuellen Ebene ab: Eine junge Führungskraft wird als Geschäftsführer bei einer Minderheitsbeteiligung oder einem Joint Venture entsendet, eine andere Führungskraft coacht junge Start-ups in einem Accelerator, ein Mitarbeiter der M&A-Abteilung führt eine Due Diligence durch. Das Unternehmen muss daher sicherstellen, dass diese Erfahrungen und Erkenntnisse auch geteilt werden. Dafür muss es interne Formate schaffen, die sowohl einen persönlichen Austausch fördern als auch die gewonnenen Informationen dokumentieren. Das können beispielsweise einerseits Kamingespräche oder Vorträge und andererseits interne Blogs oder Datenbanken sein. Nichtsdestotrotz bleibt vieles vor allem in den Köpfen der aktiven Personen hängen. Deshalb ist hier Kontinuität im Personal wichtig, denn bei viel Fluktuation geht ein großer Teil des Kenntnisstands verloren – und landet beim Wettbewerber.

Praktische Wissenslücken:	Minderheits-beteiligungen	Joint Ventures	Start-up-Förderung	Target Screening / DD
Kultur und Werte der Start-up-Szene	✓✓✓	✓✓	✓	✓
Geschäftsmodelle, Werttreiber	✓✓✓	✓✓✓	✓✓	✓
Belastbare Zahlen und Fakten; Dokumente	✓✓✓	✓✓	✓	✓✓✓
Probleme und Risiken	✓✓	✓	✓	✓✓
Übergang zu *Seizing* (vollständige Akquisition)	✓✓	✓	✓✓	✓✓✓

Bild 6.2 Schließung von praktischen Wissenslücken durch Heranpirschen an neues Geschäft

Leitfragen im Bereich Sensing

- Handelt es sich bei den Veränderungen, die wir in unserem Umfeld beobachten, um einen radikalen Wandel oder sind das normale, geschäftstypische Entwicklungen?
- Welche Trigger treiben die Veränderungen? Welche Ereignisse würden einen radikalen Wandel auslösen oder beschleunigen? Sind konkrete Ereignisse absehbar?
- Was wissen wir heute schon über den radikalen Wandel? Was müssen wir noch lernen oder in Erfahrung bringen?
- Welche möglichen Szenarien können wir uns für die künftige Entwicklung vorstellen? Welche Implikationen haben diese Szenarien auf unser Geschäft?
- Wie können wir unsere bestehenden Ressourcen und Fähigkeiten nutzen und weiterentwickeln, um neue Geschäftsideen umzusetzen?
- Leisten unsere komplementären Ressourcen und Fähigkeiten einen Mehrwert im durch den radikalen Wandel veränderten Geschäftsumfeld?
- Mit welchen Organisationen müssen wir uns vernetzen und austauschen, um den radikalen Wandel besser zu verstehen? Was können wir diesen Organisationen im Gegenzug bieten, damit eine Partnerschaft für beide Seiten nützlich ist?
- Wie organisieren wir in unserem Unternehmen eine systematische Entwicklung, Bewertung und Selektion von neuen Geschäftsideen?
- Welche Personen und Organisationseinheiten involvieren wir in der internen Ideengenerierung? Welche Personen und Organisationseinheiten sollen sich auf das Bestandsgeschäft fokussieren?
- Von welchen Geschäftsideen sind wir so überzeugt, dass wir Markttests wagen und bereit sind, Geld zu investieren (und zu verlieren)?
- Wie organisieren wir die Verantwortung für Markttests? Welche Kandidaten setzen wir operativ ein? Welche Kandidaten eignen sich als Coaches?
- Welche Start-up-Szenen wollen wir durch kleine, selektive Investitionen genauer anschauen? Welche Wege zum Heranpirschen eignen sich dafür am besten?
- Wie stellen wir sicher, dass die verschiedenen Erfahrungen und Erkenntnisse aus unseren Sensing-Aktivitäten im Unternehmen geteilt werden?

Teil II – Seizing

Erschließen von und
Investieren in
Opportunitäten,
Technologien,
Kundenlösungen und
Geschäftsmodelle

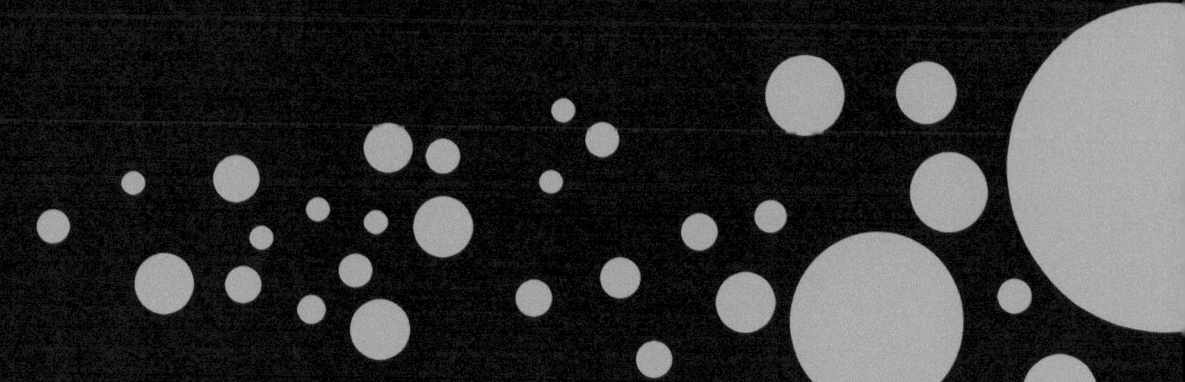

Durch den radikalen Wandel entstehen neue Wachstumsmärkte, und die etablierten Märkte verschwinden oder verändern sich fundamental. Das umfassende Verständnis des radikalen Wandels macht dem etablierten Unternehmen die sich in diesem Kontext ergebenden Opportunitäten und Gefahren transparent. Aus diesen Erkenntnissen ergibt sich strategischer Handlungsbedarf. Das etablierte Unternehmen muss die identifizierten Opportunitäten, Technologien, Kundenlösungen und Geschäftsmodelle systematisch erschließen und in diese investieren. Damit baut es neue Geschäftsfelder auf, die das strukturell rückläufige Bestandsgeschäft sukzessive ablösen werden. Zu diesen Seizing-Aktivitäten gehören unter anderem die Kreation neuer Geschäftsmodelle, die Akquisition der dafür nötigen Ressourcen und Fähigkeiten oder der Eintritt in neue Märkte. Der fixe Orientierungspunkt dafür ist immer das Verständnis des radikalen Wandels.

Standortbestimmung Seizing

Bewerten Sie mit der Vorlage zum Download den Fortschritt der Adaption Ihres Unternehmens an den radikalen Wandel im Bereich Seizing. Beurteilen Sie dafür mittels Harvey Balls, wie sehr die einzelnen Teilergebnisse bereits vorliegen auf der Skala von „vollständig umgesetzt" (Kreis voll ausgefüllt) bis „Aktivität noch nicht gestartet" (Kreis nicht ausgefüllt). Formulieren Sie dann die nächsten Schritte und Aufgaben für die weitere Umsetzung in den einzelnen Bereichen.

Vorlage zum Download: *plus.hanser-fachbuch.de*

Seizing
Erschließen von und Investieren in Opportunitäten, Technologien, Kundenlösungen und Geschäftsmodelle

Wir haben innovative Geschäftsmodelle entwickelt und die bestehenden wo nötig angepasst.	◯	
Unsere Ausstattung an notwendigen Ressourcen und Fähigkeiten für die neuen Geschäftsfelder ist vollständig.	◯	
Wir pflegen verschiedene Partnerschaften zur gemeinsamen Erschließung neuer Geschäftsfelder.	◯	
Wir treten in neue Märkte ein und besitzen die dafür notwendigen Kompetenzen.	◯	
Wir bespielen aktiv das Umfeld in unserer Einflusssphäre, um den radikalen Wandel mitzugestalten.	◯	
Wir können adäquat für die neuen Geschäftsfelder entscheiden und evaluieren.	◯	

Indizieren Sie mit den Harvey Balls den Entwicklungsstand Ihres Unternehmens.

Formulieren Sie die nächsten Schritte und Aufgaben für die weitere Umsetzung

7 Kreiere neue Geschäftsmodelle

- Der radikale Wandel erfordert eine Anpassung oder gar einen Ersatz der bisherigen Geschäftsmodelle. Anknüpfungspunkte dafür sind die Trigger des radikalen Wandels.
- Geschäftsmodellinnovation ist eine erfolgskritische Fähigkeit des Unternehmens und meist wertsteigernder als „echte" Innovation aus Forschung und Entwicklung.
- Bei der Festlegung eines Geschäftsmodells müssen die Value Proposition, die Zielgruppe, das Ertragsmodell und die Wertschöpfungsarchitektur festgelegt werden.

Der erkannte und verstandene radikale Wandel mit den damit verbundenen Opportunitäten und Gefahren erfordert einen neuen Blick auf die Geschäftsmodelle des etablierten Unternehmens. Ein Geschäftsmodell ist die Grundlogik, nach der das Unternehmen oder eine seiner Geschäftseinheiten geschäftlich tätig ist und insbesondere wie damit nachhaltig ein Gewinn erwirtschaftet werden kann. Angesichts des radikalen Wandels muss sich das etablierte Unternehmen Gedanken machen, inwiefern die bisherigen Geschäftsmodelle angepasst oder durch neue ersetzt werden müssen.

Die Thematik Geschäftsmodellinnovation ist in den vergangenen zwei Jahrzehnten sowohl bei Praktikern als auch in der Wissenschaft zu einer viel diskutierten Fragestellung geworden. Das hat einen guten Grund. Man hat festgestellt, dass verschiedenste Unternehmen zwar eindrucksvolle Innovationen hervorbringen, es ihnen jedoch nicht gelingt, diese erfolgreich am Markt zu kommerzialisieren. Dies liegt am Unvermögen, für neue Innovationen das passende Geschäftsmodell zu finden. Während sich der konventionelle Innovationsansatz auf die Angebotsseite beschränkt, also z. B. auf eine neue Produkttechnologie, verbindet die Geschäftsmodellinnovation die Angebots- mit der Nachfrageseite. Demzufolge kann die Fähigkeit, Geschäftsmodelle innovieren zu können, für das Unternehmen sogar wertvoller sein, als „echte" Innovation durch Forschung und Entwicklung zu betreiben. Tatsächlich lässt sich sogar ein strategischer Wettbewerbsvorteil alleine durch Geschäftsmodellinnovation schaffen, ohne dass die eigentliche Leistung oder das Produkt des Unternehmens durch Innovationen verbessert wird.

Ein Beispiel: Die schwedische Möbelhauskette *IKEA* hat den Markt für Möbel und Inneneinrichtung bekannterweise revolutioniert und ist unangefochtener Marktführer. Diese Position wurde nicht etwa durch eine revolutionäre Produktinnovation geschaffen. Die Produkte unterscheiden sich nicht wesentlich von den Produkten der Wettbewerber. Doch hat *IKEA* das Geschäftsmodell für die Möbelindustrie umfassend verändert. Namentlich wurde die Wertschöpfungsarchitektur so verändert, dass kostenintensive Wertschöpfungsschritte an den Kunden ausgelagert wurden. So übernimmt der Kunde die Feinlogistik ab dem Verkaufspunkt und den zeitintensiven Aufbau der Möbel vor Ort. Diese Anpassung gegenüber der klassischen Möbelindustrie erlaubt eine wesentliche Preissenkung, womit der strategische Wettbewerbsvorteil zementiert wird.

Der radikale Wandel wird wie in Kapitel 1 beschrieben durch einen oder eine Kombination von Triggern ausgelöst. Diese Trigger sind die richtigen Anknüpfungspunkte für neue Geschäftsmodelle: Technologische Innovationen erlauben beispielsweise Kostensenkungen, neue Zugänge zu neuen Kunden oder eine veränderte Leistungserstellung. Verschiebungen der Konsumgewohnheiten führen zu neuen oder veränderten Bedürfnissen, die durch das Geschäftsmodell adressiert werden können. Neue Spielregeln durch Regulierung und Gesetze öffnen einerseits neue Türen oder verbieten gewisse Praktiken des bisherigen Geschäftsmodells. Oder neue Wettbewerber erfordern eine stärkere Abgrenzung der Geschäftsmodelle im Wettbewerbsumfeld. Im Wesentlichen geht es also bei der Geschäftsmodellinnovation aufgrund von radikalem Wandel darum, durch eine Anpassung der Geschäftsmodelle sowohl die identifizierten Risiken zu minimieren, aber auch die sich eröffnenden Opportunitäten zu ergreifen.

 Die Trigger des radikalen Wandels – technologische Innovationen, Verschiebungen von Konsumgewohnheiten, neue Spielregeln durch Regulierung und Gesetze oder neue Wettbewerber – sind ideale Anknüpfungspunkte für Geschäftsmodellinnovation.

Als Hilfestellung für Praktiker haben sich über die Zeit eine Vielzahl von Konzepten und Arbeitshilfen herausgebildet, die helfen sollen, ein neues oder angepasstes Geschäftsmodell entwickeln und beschreiben zu können. Diese bestehen teilweise aus einer zweistelligen Anzahl von möglichen Komponenten eines Geschäftsmodells. Dabei verliert man schnell die Übersicht und verheddert sich in Details. Es empfiehlt sich daher, sich auf die im Folgenden beschriebenen und in Bild 7.1 zusammengefassten Komponenten von Geschäftsmodellen zu fokussieren.

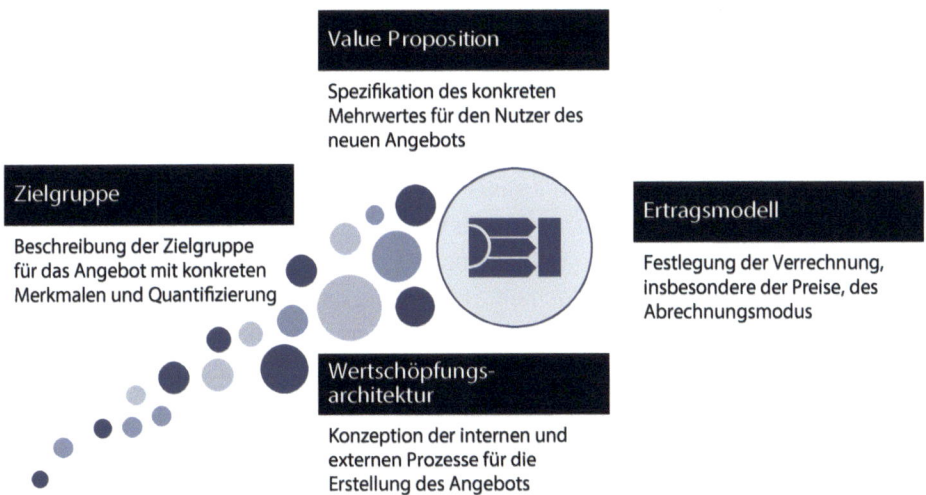

Bild 7.1 Wichtigste Komponenten zur Kreation eines Geschäftsmodells

■ 7.1 Value Proposition

Mit der Value Proposition beschreibt man den eigentlichen Mehrwert, den der Kunde oder Nutzer durch Konsum des Produkts oder der Dienstleistung erfährt. Diese Komponente unterstreicht den Nachfragefokus in der Geschäftsmodellinnovation. Es geht darum, aufzuzeigen, wie im Vergleich zu bisherigen Lösungen oder zu den Wettbewerbern ein Nutzen gestiftet wird. Zunehmend spricht man auch vom Nutzer statt vom Kunden, weil der Nutzer insbesondere bei digitalen Geschäftsmodellen oft nicht derjenige ist, der die Rechnung für das Produkt oder die Dienstleistung bezahlt.

Kernfragen bei der Value Proposition sind: Welche konkreten Bedürfnisse werden befriedigt? Welches Problem oder welcher Pain Point wird adressiert? Wie können unsere Produkte und Dienstleistungen eine Lösung dafür bieten? Mit welchen Aktivitäten können wir diesen Mehrwert erschaffen und ausliefern? Der Mehrwert für den Nutzer kann durch verschiedene Gestaltungsvarianten definiert werden. So kann beispielsweise ein innovativer Zugang zum Produkt oder der Dienstleistung geschaffen werden, indem andere Vertriebskanäle genutzt werden. Oder die Produkteigenschaften werden durch eine optimierte Usability, kreatives Design oder eine aufgeladene Marke wesentlich verbessert. Auch ein wesentlich geringerer Preis oder wegfallende Neben- oder Unterhaltskosten können einen Mehrwert bieten.

■ 7.2 Zielgruppe

In der nächsten Komponente wird beschrieben, für welche Gruppe von Nutzern die Value Proposition einen Mehrwert bieten soll. Es ist sehr unwahrscheinlich, dass eine bestimmte Value Proposition gleich für die gesamte Bevölkerung oder alle möglichen Geschäftskunden attraktiv sein wird. Vielmehr hat eine bestimmte Zielgruppe für die definierte Value Proposition eine echte Zahlungsbereitschaft, während andere diese als wertlos erachten. Demzufolge muss bei der Entwicklung des Geschäftsmodells eine konkrete Zielgruppe definiert werden.

Bei der Definition der Zielgruppe kommen die typischen Kriterien zur Kundensegmentierung zur Anwendung. Bei Privatkunden müssen etwa soziodemografische Kriterien wie Geschlecht, Alter, aber auch Einkommen oder Bildungsniveau berücksichtigt werden. Alternativ oder zusätzlich können auch bestimmte Lebensstile oder typische Verhaltensweisen herangezogen werden. Zudem ist zu definieren, welcher geografische Markt abgedeckt werden soll. Bei Geschäftskunden kann die Zielgruppe aufgrund der Unternehmensgröße oder Branche abgegrenzt werden. Zudem können spezifische Unternehmensmerkmale herangezogen werden, wie z. B. das Alter des Unternehmens oder der Professionalisierungsgrad. Auch hier ist es meist sinnvoll, einen geografischen Fokus zu legen.

Wie angedeutet, unterscheiden sich in vielen Fällen die Nutzer eines Geschäftsmodells von den bezahlenden Kunden. Oder es gibt sogar mehrere Kategorien von Nutzern und Kunden. Man spricht dann von zwei- oder mehrseitigen Märkten. In diesem Fall muss die Definition der Zielgruppen für alle angedachten Nutzer und Kunden vorgenommen werden.

 Geschäftsmodellarchetypen

Funktionierende Geschäftsmodelle müssen meist nicht von Grund auf neu erfunden werden. Stattdessen kann man sich an erfolgreichen Geschäftsmodellen der Vergangenheit oder Gegenwart orientieren, die als Geschäftsmodellarchetypen (engl. *business model patterns*) abstrahiert wurden. Im Folgenden eine kuratierte Auswahl kurz dargestellt.

Archetyp	Kurzbeschreibung
Abomodell	Kunde bezahlt eine wiederkehrende Gebühr für die Nutzung eines Produkts oder einer Leistung. Vereinbarte Laufzeiten der Abos erlauben Planung der künftigen Cashflows ohne große Schwankungen. Beispiele: *Frankfurter Allgemeine Zeitung*, *World of Warcraft*, *Jimdo*

Archetyp	Kurzbeschreibung
Add-on	Sehr wettbewerbsfähiges oder gratis Pricing für das Hauptangebot. Ergänzendes Angebot von diversen Zusatzleistungen vor, während oder nach Konsum des Hauptangebots. Damit Erhöhung des Umsatzes pro Kunde, trotz geringer Eintrittsschwelle. Beispiele: *Ryanair, Rock am Ring, Pokémon Go*
Flatrate	Berechnung einer fixen Rate pro Kunde oder Kundengruppe unabhängig von der tatsächlichen Nutzungsintensität. Sinnvoll bei sehr geringen Grenzkosten. Generiert laufenden Cashflow für das Unternehmen. Beispiele: *BahnCard 100, Zoom, Vodafone*
Franchising	Expansion eines standortgetriebenen Geschäfts mittels dritter Partner. Unternehmen (Franchisegeber) besitzt Konzept, Produkte und Marke. Unabhängiger Franchisenehmer baut auf eigenes Risiko neue Standorte auf und entrichtet dafür eine Franchisinggebühr. Beispiele: *Marriott Hotels, Mrs. Sporty, Isotec*
Freemium	Einstiegsangebot ist gratis für alle Nutzer. Bei intensiver Nutzung oder nach Ablauf einer bestimmten Frist wird erst der Preis fällig. Trennt unterschiedliche Zahlungsbereitschaften auf Basis der individuellen Nutzungsprofile. Beispiele: *Politico, Spotify, LinkedIn*
Lock-in	Erzwungene Kundenbindung durch technologische Mittel oder Abhängigkeit mit komplementären Angeboten des Anbieters. Wechsel des Anbieters wird durch hohe Switching Costs verhindert. Beispiele: *Microsoft Windows, Apple iPhone, SAP*
No frills	Leistungserbringung wird reduziert auf die essenziell notwendigen Eigenschaften. Alle sonst üblichen Zusatzleistungen im Produktbündel werden gestrichen. Kostenersparnis wird zum Teil mit dem Kunden geteilt, womit ein Preisvorteil entsteht. Beispiele: *Aldi, Motel One, easyJet*
Pay-per-Use	Statt einer (großen) Anschaffung wird die Leistung des Produkts als Service angeboten, wobei der Kunden nur für den eigentlichen Konsum bezahlt. Gestiegene Flexibilität und erweiterter Produktzugang erhöhen Marktpotenzial. Beispiele: *Share Now, Bolt, Lime*

Archetyp	Kurzbeschreibung
Private Label/White Label	Hersteller eines Produkts oder einer Produktkategorie produziert im Auftrag fremder Marken. Branding des Produkts, als wenn es vom Markeneigentümer hergestellt worden wäre. Potenziell mehrere Konkurrenzprodukte zu unterschiedlichen Preisen im Markt, jedoch vom selben Hersteller produziert. Beispiele: *Jabil, PICO-Medical, T. M. A. / Müllermilch*
Razor and Blade	Durch sehr günstige Preise oder sogar durch Gratisabgabe wird ein Basisprodukt schnell und in großer Menge in den Markt eingeführt. Das dafür benötigte Verbrauchsmaterial wird dann jedoch zu vergleichsweise hohen Preisen verkauft. Konkurrierende Verbrauchsmaterialien sollten nicht kompatibel mit Basisprodukt sein. Beispiele: *Gillette, Brother, Nespresso*

Quellen: Fielt 2013; Gassmann, Frankenberger, Csik 2013; Osterwalder et al. 2020; Weking et al. 2020

■ 7.3 Ertragsmodell

Das Ertragsmodell ist das Pendant zur Value Proposition. Während die Value Proposition beschreibt, wie gegenüber dem Nutzer ein Mehrwert gestiftet wird, geht es beim Ertragsmodell darum, wie dieser Wert zugunsten des Unternehmens wieder eingefangen wird. Es ist also entscheidend, welche Preise verlangt werden, in welcher Form diese abgerechnet werden sowie wann, wie und wo diese in Rechnung gestellt werden.

Der Preis eines Produkts oder einer Dienstleistung schöpft idealerweise die gesamte Zahlungsbereitschaft des Kunden ab. Dies gelingt in der Praxis in den wenigsten Fällen. Das Geschäftsmodell kann aber vorsehen, mit einem smarten Pricingkonzept möglichst nahe an dieses Ziel heranzukommen. Konventionelle Preisdifferenzierung unterscheidet etwa bestimmte Kundencharakteristika, Bestellmengen oder Zeitpunkt des Kaufs. Dann gibt es aber noch viel fortgeschrittenere Methoden, bei denen die Nachfrage mit den Kapazitäten des Unternehmens verbunden wird. Beim Yield-Management-Ansatz etwa werden eher starre Kapazitäten wie beispielsweise Hotelbetten je nach Verfügbarkeit und Nachfrage bepreist. So lassen sich die Erträge erhöhen und vorhandene Zahlungsbereitschaften der Kunden abschöpfen.

Eine andere Möglichkeit, das Ertragsmodell zu gestalten, ist die Art und Weise, wie das Produkt oder die Dienstleistung abgerechnet wird. Viele innovative Geschäftsmodelle weichen hier von der traditionellen Methode der Bezahlung von einem fixen Preis für eine Einheit des Produkts oder der Dienstleistung ab. Die Alternativen dazu sind zahlreich. Beispielsweise gibt es das Abomodell, wobei zu wiederkehrenden Zeitpunkten eine Gebühr für das Nutzungsrecht bezahlt wird, Pay-per-Use, bei dem nur die eigentliche Nutzung beispielsweise einer Maschine bezahlt wird, oder Lizenzierung, bei der gegen Gebühr das Recht zur eigenständigen Erstellung erteilt wird. Hinzu kommen viele andere alternative Abrechnungsarten. Gute Geschäftsmodelle schaffen dadurch einen zusätzlichen Mehrwert für die Kunden und generieren zudem höhere oder verlässlichere Erträge für das Unternehmen.

 Gefangen im Geschäftsmodell der Vergangenheit: Der Niedergang von Polaroid

Bis zur Jahrtausendwende verzeichnete das Unternehmen *Polaroid* beträchtliche wirtschaftliche Erfolge mit seinen allseits bekannten, gleichnamigen Sofortbildkameras. Diese waren nicht nur technologisch hoch entwickelte Produkte, sondern verfügten auch über ein einträgliches Geschäftsmodell, das nach dem Razor-and-Blade-Prinzip funktionierte. Die Geräte wurden zu einem relativ geringen Preis vermarktet, waren aber ohne den dafür nötigen Fotofilm wertlos. Der Fotofilm konnte dann mit einer Marge von 70 % abgesetzt werden – und das kontinuierlich über die gesamte Nutzungszeit des Geräts.

Wie bei den regulären analogen Kameras wurde dieses Geschäft durch das Aufkommen der Digitalkameras in einen radikalen Wandel getrieben. *Polaroid* wäre technologisch für eine erfolgreiche Adaption bestens aufgestellt gewesen. Bereits in den 1980er-Jahren entwickelte das Unternehmen Digitalkameras auf dem damals höchsten Stand der Technik und wäre Anfang der 1990er-Jahre bereit für eine Markteinführung gewesen. Nichtsdestotrotz erfolgte die Markteinführung erst 1996 und das Produkt floppte auf dem Markt. *Polaroid* meldete 2001 Insolvenz an.

Was war passiert? Das Management hielt, beflügelt durch die Erfolge der Vergangenheit, am bisherigen Razor-and-Blade-Geschäftsmodell fest. Statt in die laufende Weiterentwicklung seiner Digitalkamera hat das Unternehmen in die Entwicklung dazugehöriger Fotodrucker und Fotofilme investiert, um das bisherige Geschäftsmodell in die Zukunft zu retten. Nicht zuletzt war dieser Ansatz auch dadurch getrieben, dass mit dem Verkauf von den Geräten nur eine Marge von 38 % erzielt werden konnte, während sie bei Fotofilm bei 70 % lag. Das bisherige Geschäftsmodell konnte jedoch nicht auf die neue Welt übertragen werden und *Polaroid* war, trotz anfänglicher Technologieführerschaft, im Markt für Digitalkameras erfolglos.

Quelle: Tripsas, Gavetti 2000

■ 7.4 Wertschöpfungsarchitektur

Mit der Wertschöpfungsarchitektur legt man fest, wie das Produkt oder die Dienstleistung erstellt und vertrieben wird, d. h., wie die Value Proposition konkret erfüllt wird. Mit anderen Worten beschreibt die Wertschöpfungsarchitektur, wie die verschiedenen internen und externen Prozesse gestaltet und die Ressourcen und Fähigkeiten des Unternehmens dafür eingesetzt werden.

Die wertvollen Ressourcen und Fähigkeiten des Unternehmens und die neuen Entwicklungen durch den radikalen Wandel ermöglichen verschiedene Anpassungen in der Wertschöpfungsarchitektur. So erlauben neue Methoden, beispielsweise durch die Digitalisierung, die effizientere oder effektivere Gestaltung der internen Prozesse. Die Wertschöpfungsarchitektur kann auch vorsehen, dass bestimmte weniger werttreibende Aspekte reduziert oder gänzlich weggelassen werden. Oder umgekehrt, welche neuen Aspekte hinzugenommen werden müssen, um die Value Proposition wirklich erfüllen zu können.

Eine wichtige Rolle spielt dabei meist die Zusammenarbeit mit Partnern. Das Unternehmen muss nicht alle Stufen der Wertschöpfung intern bewerkstelligen, im Zweifel sogar ganz wenige. Verschiedene Partner können in der Wertschöpfungsarchitektur eingebaut werden, sodass das Beste aus allen Welten zusammenkommt. Hierbei spielen die in Kapitel 2 erwähnten komplementären Ressourcen und Fähigkeiten eine Rolle. Ein Partner hat beispielsweise eine Produktionskapazität oder vertriebliche Fähigkeiten, die für das Geschäftsmodell unerlässlich sind. Dann müssen diese Partner in die Wertschöpfungsarchitektur eingebunden werden.

Geschäftsmodelle können weitere wichtige Komponenten ausweisen, die hier nicht explizit erwähnt wurden. Wenn solche, beispielsweise wegen bestimmter Branchenspezifika, sehr wichtig sind, sollten sie bei der Geschäftsmodellinnovation zusätzlich berücksichtigt werden. Es bleibt aber das Gebot, möglichst fokussiert zu blieben und sich nicht in den Details zu verlieren. Mit den oben genannten vier Komponenten können die meisten Geschäftsmodelle auf einer strategischen Ebene vollständig konzipiert und beschrieben werden.

Statt einer weiteren Detaillierung der Geschäftsmodelle empfiehlt sich vielmehr eine zusätzliche Aggregationsebene. Vielen Führungskräften gelingt es nämlich nicht, ihre Geschäftsmodelle einfach und verständlich zu erklären. Das ist fatal für die Adaption eines Unternehmens. Die Mitarbeiter, aber auch etwa Kapitalgeber oder Partner müssen verstehen können, in welche Richtung sich das Unternehmen bewegen möchte. Schließlich sind sie ja Teil des neuen oder veränderten Geschäftsmodells. Aus diesem Grund sollte nebst der Beschreibung der vier Komponenten das Geschäftsmodell in einem Satz verständlich zusammengefasst werden können. Damit wird die Kommunikation an die verschiedenen Stakeholder ermöglicht.

Vorlage: Kreation eines Geschäftsmodells

Gehen Sie bei der Definition eines neuen oder angepassten Geschäftsmodells wie folgt vor: Definieren Sie Ihre Ideen innerhalb der vier beschriebenen Komponenten und schreiben Sie diese stichwortartig auf die Vorlage. Lesen Sie zur Gedanken-anregung noch einmal die Fragestellungen genau durch und konsultieren Sie die Geschäftsmodellarchetypen. Formulieren Sie dann das Geschäftsmodell in einem Satz. Nehmen Sie sich dafür genügend Zeit. Der Satz muss leicht verständlich sein und die Idee auf den Punkt bringen. Er wird im Zentrum Ihrer Diskussionen zur Einführung des neuen Geschäftsmodells stehen.

Vorlage zum Download: *plus.hanser-fachbuch.de*

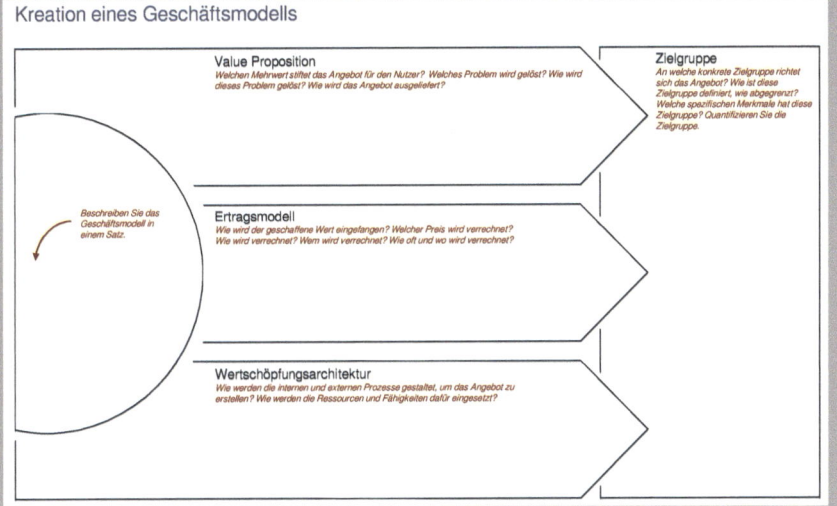

8

Akquiriere neue Ressourcen und Fähigkeiten

- Die neuen Opportunitäten durch den radikalen Wandel erfordern eine andere Ausstattung mit Ressourcen und Fähigkeiten als die bisherige.
- Die Lücken in der Ausstattung müssen systematisch geschlossen werden. Dafür kommen sowohl der interne Aufbau oder die Weiterentwicklung (Make), als auch die Akquisition von Unternehmen oder Unternehmensteilen (Buy) infrage.
- Die Finanzierung der Adaption setzt auf die vorläufige Werthaltigkeit des bestehenden Geschäftsportfolios. Daraus ergeben sich drei grobe Finanzierungsoptionen.

Der radikale Wandel wirft nicht nur die bisherigen Märkte in einen strukturellen Niedergang, er eröffnet andererseits auch Opportunitäten, weil er neue Wachstumsmärkte entstehen lässt. Diese basieren jedoch meist auf anderen als den bisherigen Technologien, Kundenlösungen und Geschäftsmodellen. Um die Opportunitäten zu erschließen, müssen etablierte Unternehmen unter anderem auch Geschäftsmodellinnovation betreiben, wie im vorhergehenden Kapitel erläutert. Des Weiteren geht es darum, diese neuen oder angepassten Geschäftsmodelle und Geschäftsideen mit Leben zu füllen. Typischerweise verfügt das etablierte Unternehmen nicht über die dafür notwendige Ausstattung mit Ressourcen und Fähigkeiten. Diese Lücken müssen systematisch im Rahmen des Adaptionsprozesses geschlossen werden.

Als Rekapitulation von Kapitel 2 sei hier noch einmal erwähnt, was Ressourcen und Fähigkeiten sind. Mit Ressourcen sind Dinge gemeint, die das Unternehmen *hat.* Das wären sowohl konkrete, mit Eigentumsrechten belegte Anlagen wie eine Fabrik oder ein Markenrecht als auch nur grob fassbare Dinge wie die Reputation oder das Netzwerk des Unternehmens. Mit Fähigkeiten sind Dinge gemeint, die ein Unternehmen *kann,* also konkrete Kompetenzen, die mittelbar oder unmittelbar einen Mehrwert für die Kunden bieten.

Das etablierte Unternehmen besitzt aufgrund seiner Historie bereits sehr wertvolle Ressourcen und Fähigkeiten, um in den bestehenden Märkten erfolgreich tätig zu sein. Ansonsten hätte es heute nicht die noch vorhandene Marktposition erreicht.

Dieses Set an Ressourcen und Fähigkeiten ist aber, zumindest in der heutigen Ausgestaltung, nicht ausreichend, um auch mit den neuen und angepassten Geschäftsmodellen erfolgreich zu sein. Das ist ein Grundsatz des radikalen Wandels. Wären die entscheidenden Ressourcen und Fähigkeiten der bestehenden Geschäftsfelder auch für die neuen Geschäftsfelder von gleichem Wert, wäre das etablierte Unternehmen nicht existenziell bedroht und man würde auch nicht von radikalem Wandel sprechen.

 Die Kompetenzfalle und der Kompetenzlebenszyklus

Manche etablierten Unternehmen tun sich sehr schwer, ihre Ressourcen und Fähigkeiten weiterzuentwickeln und an den radikalen Wandel anzupassen. Diese Unfähigkeit wird auch der Kompetenzfalle (engl. *competency trap*) zugeschrieben. Sie beschreibt das Verhalten von Unternehmen oder einzelner Organisationseinheiten, auf bestehenden Praktiken zu beharren und sich gegenüber neuen Lösungen zu verschließen. Die Motivation dafür liegt im Erfolg der bestehenden Praktiken im Bestandsgeschäft. Der Anpassungsbedarf für neues Geschäft im Zuge des radikalen Wandels wird dabei übersehen oder ignoriert. Besonders gefährdet sind sehr erfolgreiche Unternehmen ohne nennenswerte Konkurrenz im Bestandsgeschäft oder Unternehmen mit einem hohen Spezialisierungsgrad sowie Organisationen mit dominanten Führungspersönlichkeiten wie in Familienunternehmen, Kleinunternehmen oder Start-ups.

Ähnlich wie Produkte und Technologien durchlaufen auch Ressourcen und Fähigkeiten einen Lebenszyklus. Sie entstehen mit dem Aufbau durch eine Gruppe von Individuen oder durch ein Unternehmen, werden dann verbessert und spezifiziert, gewinnbringend am Markt eingesetzt, und mit der Zeit verlieren sie auch wieder an Wert. Demzufolge müssen Ressourcen und Fähigkeiten immer wieder weiterentwickelt, neu interpretiert und anders eingesetzt oder auch entsorgt sowie neu aufgebaut werden. Keine Ressource und keine Fähigkeit sind ewig wertvoll. Und nur weil sie in der Vergangenheit erfolgreich waren, müssen sie das nicht zwangsläufig auch in Zukunft sein.

Quellen: Levitt, March 1988; Levinthal, March 1993; Helfat, Peteraf 2003; Danneels 2011

Entsprechend muss das etablierte Unternehmen das bestehende Set an Ressourcen und Fähigkeiten mit den neuen und angepassten Geschäftsmodellen abgleichen und dann die identifizierten Lücken sukzessive schließen. Die Vorgehensweise ist in Bild 8.1 abgebildet und im Folgenden genauer umschrieben.

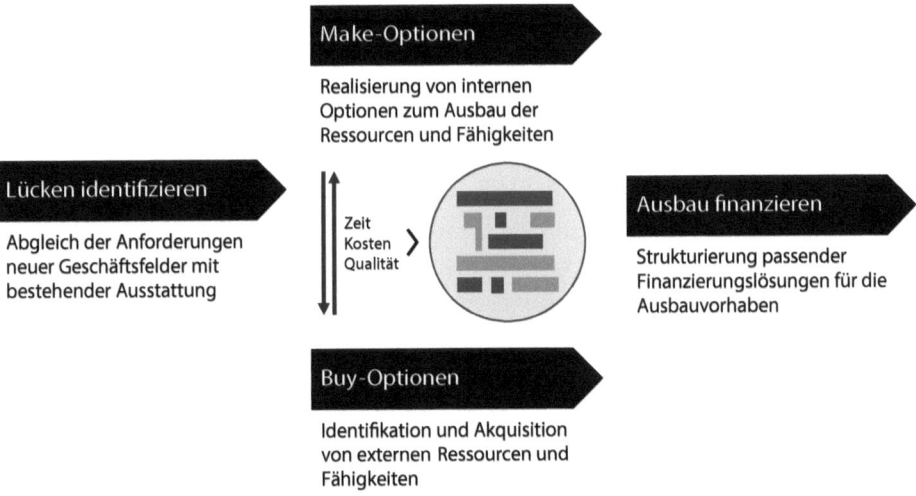

Bild 8.1 Akquisition von Ressourcen und Fähigkeiten für neue Geschäftsfelder

■ 8.1 Lücken identifizieren

Die Anforderungen an die Ressourcen und Fähigkeiten des Unternehmens für die neuen oder veränderten Geschäftsmodelle ergeben sich aus der definierten Wertschöpfungsarchitektur. Diese beschreibt, wie die Value Proposition für die festgelegten Zielgruppen bereitgestellt wird. Um nun die Lücken zu identifizieren, wird diese Wertschöpfungsarchitektur in ihre Einzelteile heruntergebrochen. Was braucht das Unternehmen konkret, um das definierte Leistungsversprechen zu erfüllen? Dieser Anforderungskatalog wird dann mit dem bestehenden Set an Ressourcen und Fähigkeiten des Unternehmens abgeglichen. Bei diesem Abgleich können pro Einzelteil drei unterschiedliche Ergebnisse resultieren. Erstens kann es sein, dass das etablierte Unternehmen bereits über die notwendige Ressource oder die Fähigkeit verfügt. Zweitens kann das Unternehmen zwar über eine ähnliche Ressource oder die Fähigkeit oder Teile davon verfügen, aber diese müssen angepasst und ergänzt werden. Und im dritten Fall fehlt die Ressource oder die Fähigkeit gänzlich. Handlungsbedarf besteht logischerweise nur bei den zwei letzten Fällen.

Die wohl am häufigsten diagnostizierte Lücke in der aktuellen Zeit ist der Mangel an Digitalisierungskompetenz in etablierten Unternehmen. Dies umfasst sowohl die rein technisch notwendigen Fähigkeiten wie auch digitale Arbeitsweisen und die digitale Interaktion mit dem Kunden. Außerdem wäre beispielsweise fehlende Internationalisierungskompetenz eine Lücke, wenn sich die Märkte durch den radikalen Wandel globalisieren. Oder wenn der radikale Wandel durch günstigere oder reduziertere Produkte oder Dienstleistungen indiziert wird, könnte eine mangelnde Automatisierungs- und Standardisierungskompetenz eine typische Lücke sein. Hinzu kommen auch die weichen Faktoren wie die Kultur, Erfahrungen oder das Netzwerk, die hinsichtlich der Erschließung entstehender Wachstumsmärkte Lücken aufweisen können.

 Typische Ressourcen- und Fähigkeitslücken

- *Kundenzugang und -beziehungen:* Bisher haben nur ausgewählte Pilotnutzer das Produkt oder die Dienstleistung genutzt. Ein umfassender Zugang und Beziehungen zu der anvisierten Zielgruppe fehlen.
- *Kompetitive Fabrikation und Industrialisierung:* Die Produktinnovation kann zwar im Labor oder in kleinen Mengen hergestellt werden. Die Anlagen und Kompetenzen zur Skalierung und Massenfertigung fehlen jedoch.
- *Software:* Die Hardware kann zwar vollständig intern gefertigt werden, aber es gibt keine Softwarekompetenz. Diese ist beispielsweise nötig, um die Hardware nach dem letzten Stand der Technik zu digitalisieren oder an ein bestehendes Betriebssystem anzubinden.
- *Ergänzende Technologien:* Das neue Produkt braucht bestimmte Komponenten oder Prozesse, die nur von Dritten gefertigt oder erbracht werden können.
- *Zugang zu Rohstoffen:* Das Produkt oder der Herstellungsprozess benötigen seltene Rohstoffe, die sehr knapp sind und nur über eine begrenzte Zahl von Lieferanten bezogen werden können.
- *Distribution:* Es fehlt an einem geeigneten Distributionsnetzwerk für das Produkt oder die Dienstleistung, weil beispielsweise eine Verkaufsberatung nötig oder die Logistik sehr komplex ist.
- *After-Sales-Service:* Eine flächendeckende Organisation zur Betreuung der Kunden nach dem Kauf, etwa für Unterhalt, Reparaturen und Wiederverkäufe, fehlt.
- *Fachkräfte:* Die neuen Geschäftsmodelle benötigen neue Fachkenntnisse, die bisher im Unternehmen nicht gebraucht wurden. Die entsprechenden Fachkräfte sind knapp und können kaum oder nur über einen längeren Zeitraum rekrutiert werden.
- *Regulierung:* Das Geschäftsmodell benötigt bestimmte Akkreditierungen, Zulassungen, Lizenzen oder Ähnliches, die nicht vorliegen oder nur über einen längeren Zeitraum erworben werden können.
- *Reputation:* Der Kauf des Produkts oder der Dienstleistung benötigt einen Vertrauensvorschuss der Kunden. Das Unternehmen hat sich aber in diesem Bereich noch keine Reputation aufbauen können. Oder Reputation ist nötig, um Freigaben vom Staat oder sonstigen Regulierungsbehörden zu erhalten.

■ 8.2 Make-Optionen

Die erste Möglichkeit, die identifizierten Lücken zu schließen, ist die interne Weiterentwicklung oder der Aufbau entsprechender Ressourcen und Fähigkeiten. In diesem Fall erstellt das Unternehmen diese Dinge von Grund auf und in Eigenregie neu. Auch Make-Optionen sind mit Investitionen verbunden. Im Unterschied zu Buy-Optionen werden aber nicht fertige und weitestgehend funktionierende Konzepte übernommen, sondern mittels interner Leistungen, eventuell gekoppelt mit externen Anschaffungen, selbst erstellt. Würde also beispielsweise eine Lücke bei der Automatisierungskompetenz in den Produktionsprozessen identifiziert, würde das Unternehmen die bestehenden Produktionsressourcen und -fähigkeiten sukzessive automatisieren.

Solche Make-Optionen eignen sich tendenziell bei der beschriebenen zweiten Kategorie von Lücken, wenn eine bestehende Ressource und Fähigkeit angepasst und ergänzt werden kann. Trotzdem ist es nicht ausgeschlossen, dass ein etabliertes Unternehmen auch eine gänzlich fehlende Ressource oder Fähigkeit selbst aufbaut. Es sind in jedem Fall immer beide Optionen, Make oder Buy, abzuwägen. Dabei berücksichtigt das Unternehmen, welche Qualität im Ergebnis nachher vorliegt. Hinzu kommt die Frage, wie lange das dauert (Zeit) und wie teuer die gesamten Investitionen (Kosten) sein werden. Erfahrungsgemäß dauern Make-Optionen tendenziell länger, sind jedoch günstiger. Demgegenüber stehen Buy-Optionen, mit denen potenziell unmittelbar nach Akquisition die Ressource oder Fähigkeit zur Verfügung steht, jedoch zu hohen Kosten. Bild 8.2 zeigt eine Übersicht der gängigsten Make- und Buy-Optionen.

Make-Optionen	Buy-Optionen
▪ Weiterentwicklung von bereits vorhandenen Ressourcen und Fähigkeiten	▪ Akquisition von Start-ups aktiv in neuen Technologien, Kundenlösungen und Geschäftsmodellen
▪ Aufbau von Grund auf komplett neuer Ressourcen und Fähigkeiten	▪ Akquisition von (kleinen) Unternehmen mit kritischen Ressourcen und / oder Fähigkeiten
▪ Investitionen in Sachanlagen und Personal zur Realisierung oder Unterstützung von Make-Optionen	▪ Joint Ventures / Allianzen
	▪ Lizenzierung
	▪ Abwerben von Schlüsselpersonen, Teams, Abteilungen

Bild 8.2 Übersicht Make- und Buy-Optionen zur Akquisition von Ressourcen und Fähigkeiten

Bei der Akquisition neuer Ressourcen und Fähigkeiten werden immer Make- und Buy-Optionen gegeneinander abgewogen. Dabei wird dem Zielkonflikt zwischen schneller zeitlicher Umsetzung, geringeren Kosten und höherer Qualität Rechnung getragen.

■ 8.3 Buy-Optionen

Alternativ zu den Make-Optionen können Buy-Optionen zur Schließung der identifizierten Lücken verfolgt werden. Der Vorteil von Buy-Optionen liegt vor allem darin, dass bereits vor Akquisition weitestgehend bekannt ist, wie gut die Ressource oder die Fähigkeit ihren Zweck erfüllt. Damit kann das Risiko von Fehlinvestitionen verringert werden. Grundsätzlich gilt aber auch: Je geringer das vermutete Risiko, desto höher die Kosten.

Mit Buy-Optionen ist zuallererst die Akquisition von anderen Unternehmen gemeint, die bereits in den neuen Geschäftsmodellen tätig sind. In der Regel sind diese akquirierten Unternehmen Start-ups in unterschiedlichen Entwicklungsstufen von der sehr frühen Seed-Phase bis hin zur Wachstums- und Expansionsphase. Über diesen Kanal erhält das etablierte Unternehmen, je nach Entwicklungsphase, ein bereits funktionierendes Vehikel für die Adaption an den radikalen Wandel. Damit die Akquisition von einem Start-up durch ein etabliertes Unternehmen nachhaltig erfolgreich ist, müssen spezifische Ansätze bei der Integration und beim Management berücksichtigt werden. Diese werden in Kapitel 16 ausführlicher beleuchtet. Hier sei aber schon erwähnt: Eine umfangreiche Integration in die Strukturen und Prozesse des etablierten Unternehmens vernichtet meist die Kultur und den Drive des Start-ups – und damit letztlich seinen Erfolg. Daher sollte das akquirierte Start-up auch nach dem Deal weitestgehend eigenständig und separiert vom Bestandsgeschäft geführt werden.

Die Buy-Optionen beschränken sich aber nicht auf die Akquisition vollständiger Unternehmen. Vielmehr sollten mögliche Targets gedanklich auch in ihre einzelnen Komponenten zerlegt werden, um so noch konkreter zu identifizieren, womit die Lücke gefüllt werden kann. Eine solche Komponente ist etwa ein Teilbereich des Targets, also ein bestimmter Geschäftsbereich, eine geografische Einheit oder ein Tochterunternehmen. Noch granularer kann auch nur ein einzelnes Team oder im Extremfall eine einzelne Person hinreichend sein, um die Lücke zu füllen. In diesem Sinne sollte das etablierte Unternehmen auch prüfen, inwiefern diese einzelnen Komponenten herausgekauft werden können. Bei bestimmten Teams oder Einzelpersonen wäre das dann eher die Methode des Abwerbens und kein Unternehmenskauf. Gerade aber weil solche granulare Buy-Optionen gezielter wirken können und dazu noch günstiger sind, sollten sie optional berücksichtigt werden.

 Walmart dank Akquisition von E-Commerce-Kompetenzen auf Aufholjagd

Der Einzelhandel befindet sich seit mehreren Jahren in einem radikalen Wandel. Veränderte Konsumgewohnheiten, möglich gemacht durch das Internet und massiv getrieben durch den neuen Wettbewerber *Amazon*, verschieben den Markt vom stationären Einzelhandel hin zu E-Commerce. Der amerikanische Markt ist in dieser Entwicklung am weitesten fortgeschritten. *Amazon* vereinnahmt 48 % des amerikanischen E-Commerce-Marktes während die drei Marktführer im stationären Einzelhandel, *Walmart*, *Costco* und *Target*, nur Marktanteile unter 5 % halten. Nichtsdestotrotz bleibt *Walmart* der Marktführer, weil bis jetzt immer noch 87 % des Gesamtmarktes stationär erfolgen.

Bei *Walmart* hat sich indessen die Überzeugung durchgesetzt, dass der radikale Wandel nicht dazu führt, dass der stationäre Handel komplett zugunsten von E-Commerce aussterben wird. Stattdessen werden sich drei parallele Vertriebswege etablieren: 1) traditionelle stationäre Käufe, 2) Web-Käufe mit Heimlieferung und 3) Web-Käufe mit Vor-Ort-Pick-up. Entsprechend wird ein sogenanntes Omnichannel-Geschäftsmodell verfolgt.

Die Wertschöpfungsarchitektur für dieses Geschäftsmodell kann *Walmart* zu einem Teil mit den bestehenden Ressourcen und Fähigkeiten abdecken. Insbesondere sind dies die rund 4700 Verkaufspunkte, die nun als Logistikdepots interpretiert werden. Zudem profitiert *Walmart* aber auch von einer massiven Marktmacht in der Beschaffung der Waren und von seinen bekannten Eigenmarken. Obwohl *Walmart* zwar seit vielen Jahren online Waren verkauft, wurden wesentliche Lücken in den E-Commerce-Kompetenzen identifiziert. *Amazon* und viele andere neue Player sind in dieser Hinsicht einfach um Längen voraus. *Walmart* hat diese Lücke durch Akquisition von *Jet.com* geschlossen. *Jet.com* wurde von einer ehemaligen *Amazon*-Führungskraft gegründet und hat verschiedenste, auch gegenüber *Amazon* überlegene Technologien entwickelt und ist damit sehr erfolgreich am Markt. Hinzu sind diverse weitere Akquisitionen von spezialisierten E-Commerce-Unternehmen wie etwa *Shoebuy.com* oder *Art.com* gekommen, die das Gesamtsortiment erweitert haben.

Mit dieser Strategie konnte *Walmart* durch Nutzung der eigenen Ressourcen und Fähigkeiten, gepaart mit dem gezielten Schließen von Lücken durch Akquisitionen das veränderte Geschäftsmodell realisieren. Seit Implementierung des neuen Geschäftsmodells wachsen die E-Commerce-Umsätze von *Walmart*, von einer geringeren Ausgangsbasis, stärker als die von *Amazon*. Die Aufholjagd hat begonnen.

Quellen: Casadesus-Masanell, Elterman 2019; Economist 2021

■ 8.4 Ausbau finanzieren

Neue Ressourcen und Fähigkeiten zu akquirieren kostet Geld. Damit die Adaption gelingt, muss das etablierte Unternehmen folglich erst einmal investieren und wird erst zu einem späteren Zeitpunkt die Früchte dieser Investitionen ernten. Die finanziellen Mittel sind jedoch in jedem Unternehmen ein knappes Gut und nicht einfach so vorhanden. Daher muss das Management sehr früh im Akquisitionsprozess mit planen, wie diese Investitionen finanziert werden.

Cashflow-Optimierung & Thesaurierung

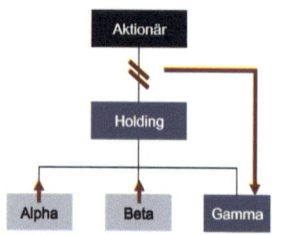

- Strukturell rückläufige Geschäftsfelder werden auf Cashflow optimiert
- Cashflow wird thesauriert und vollständig / zum großen Teil ins Wachstumsgeschäft investiert

Joint Venture auf Sublevel

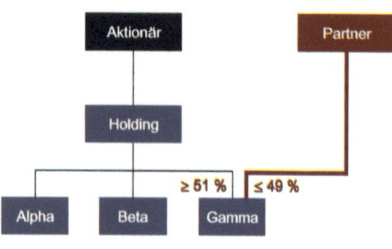

- Joint Venture für einen Geschäftsbereich unterhalb der Holding – Partner hält Minderheit
- Holding bringt bestehendes Geschäft (= EBITDA) ein; Partner bringt Cash ein
- Holding erhält Rückkaufsrecht für Minderheitsanteil des Partners

Fremdkapital auf Sublevel

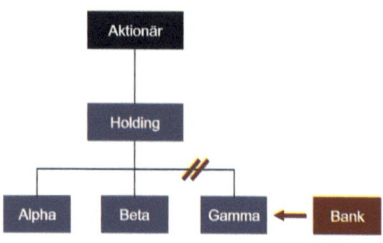

- Bank (oder anderer Finanzierungspartner) finanziert Geschäftsbereich unter der Holding
- Als Sicherheit wird Geschäftsbereich mit positivem EBITDA eingebracht
- Bank verlangt Geschäftsbereich als Sicherheit und fordert Thesaurierung aller Gewinne

Bild 8.3 Finanzierungsoptionen für die Akquisition von neuen Ressourcen und Fähigkeiten

Die simpelste Lösung für diese Aufgabe wäre, einfach frisches Geld durch die Erhöhung des Eigenkapitals zu rekrutieren. Das ist aber nicht immer möglich – zumindest nicht in vollem Umfang der notwendigen Investitionen. Einerseits ist mit Opposition der bisherigen Aktionäre zu rechnen, weil sich durch eine solche Maßnahme ihre Anteile verwässern. Andererseits befindet sich das Unternehmen im Kontext eines radikalen Wandels. Dieser ist aufgrund der verschwommenen und schwer fassbaren Sachlage geprägt von signifikanten Risiken in den relevanten Märkten, die Investoren tendenziell abschrecken. Außerdem kann es sehr gut sein, dass das Unternehmen aufgrund dieser Situation bereits schlechte Kennzahlen ausweist. Dann ist es außerordentlich schwierig, zusätzliches Eigenkapital zu rekrutieren. Alternativ bieten sich drei Finanzierungsoptionen, die in Bild 8.3 dargestellt und im Folgenden genauer beschrieben sind.

Erste Finanzierungsoption: Cashflow-Optimierung und Thesaurierung

Die erste Finanzierungsoption zielt auf die vorerst noch vorhandene Ertragskraft des bestehenden Geschäfts ab. Dieses wird unter ein striktes Gebot der Cashflow-Optimierung gestellt. Was heißt das? Man akzeptiert strategisch, dass das Bestandsgeschäft mittelfristig stark rückläufig ist oder sogar verschwinden wird. Entsprechend versucht man in dieser Zeit noch möglichst viel aus dem Bestandsgeschäft herauszuholen. Man reduziert Investitionen auf das minimal Notwendige, und auch Betriebskosten werden maximal heruntergefahren, selbst auf das Risiko hin, leichte Qualitätseinbußen zu verzeichnen. Die daraus resultierenden Cashflows werden vollständig ins neue Geschäft, sprich in die neuen Ressourcen und Fähigkeiten, investiert. Die Ausschüttungen an die Aktionäre werden in der Investitionsphase gestoppt (Thesaurierung), sodass wirklich alle generierten finanziellen Mittel auch investiert werden können. Außerdem kann Fremdkapital, gesichert durch die Finanzlage des Bestandsgeschäfts, Opportunitäten finanzieren, die früh in der Adaption des etablierten Unternehmens identifiziert werden. Diese Methode muss sorgfältig mit Blick auf die Mitarbeiter und anderen Stakeholder begleitet werden.

Zweite Finanzierungsoption: Joint Venture auf Sublevel

Die Finanzierungsoption Nummer zwei unterstellt, dass wertvolle Ressourcen und Fähigkeiten, die in einem entstehenden Wachstumsmarkt gebraucht werden können, vorhanden sind und in einem bestimmten Geschäftsbereich gebündelt wurden. Dieser Geschäftsbereich wird durch das etablierte Unternehmen in ein Joint Venture mit einem Finanzierungspartner eingebracht. Der Einbringungsgegenstand kann ein bereits funktionierendes Geschäft mit Wachstumspotenzial sein oder ein Set an wertvollen Ressourcen und Fähigkeiten, mit denen ein solches Geschäft aufgebaut werden kann. Die Einbringung wird bewertet und der Finanzierungspartner bringt in entsprechender Höhe Cash in das Joint Venture ein. Sinnvollerweise behält das etablierte Unternehmen als Partner mit Branchenwissen die Mehrheit und die strategische Führung des Joint Ventures. In diesem Konstrukt wird das neue Geschäft zusammen entwickelt. Wenn sich daraus ein attraktiver und verlässlicher Geschäftsbereich ergibt, kauft das etablierte Unternehmen die Minderheitsanteile des Finanzierungspartners zurück.

Dritte Finanzierungsoption: Fremdkapital auf Sublevel

In der dritten Finanzierungsoption wird ebenfalls unterstellt, dass ein Geschäftsbereich mit Potenzial zur Expansion in einen entstehenden Wachstumsmarkt besteht. Hier sind allerdings die Anforderungen an dieses Geschäft höher. Es muss bereits ein verlässliches Ergebnis abliefern, womit bei einer Bank Fremdkapital besichert werden kann. Der Geschäftsbereich wird dann in eine separate Gesellschaft ausgegliedert, sodass kein Rückgriff auf das gesamte Unternehmen genommen werden kann. Diese Gesellschaft nimmt dann einen Kredit auf, womit die Investitionen ins neue Geschäft finanziert werden. Bei Erfolg kann der Kredit zurückbezahlt werden und das Unternehmen besitzt ein neues attraktives Geschäftsfeld. Bei Misserfolg verliert das Unternehmen maximal den eingebrachten Geschäftsbereich.

Die hier beschriebenen Konzepte sind als Werkzeugkiste zu verstehen. Es gibt nicht den einen richtigen Weg, also beispielsweise nur Make-Optionen und die Vernachlässigung von Buy-Optionen. Vielmehr werden in vermutlich jedem Fall alle hier präsentierten Werkzeuge in Kombination genutzt. So könnte es etwa sein, dass ein etabliertes Unternehmen seine bestehenden Ressourcen und Fähigkeiten durch Make-Optionen auf einen brauchbaren Stand bringt, dann jedoch die letzte Meile des Adaptionsbedarfs auch noch mit der Akquisition von passenden Start-ups anreichert. Und die Finanzierung erfolgt ebenfalls in einer Kombination der vorgestellten Ansätze.

Außerdem ist zu unterstreichen, dass die Adaption eines etablierten Unternehmens ein langwieriger und nicht selten holpriger Weg ist. Die Akquisition von Ressourcen und Fähigkeiten durchläuft dabei mehrere Iterationen mit dem Einsatz verschiedener Werkzeuge. Es kann also gut sein, dass für eine bestimmte Lücke erst mal eine Make-Option gewählt wird, dies aber nicht zum gewünschten Ergebnis führt und dann doch zu einer Buy-Option umgeschwenkt wird. Es ist daher sinnvoll, immer wieder Zwischenergebnisse zu bewerten und wo nötig gegenzusteuern.

9

Verbünde dich mit Partnern

- Notwendige Ressourcen und Fähigkeiten, die man nicht innerhalb nützlicher Frist selbst akquirieren kann, müssen über Partnerschaften erschlossen werden.
- Die systematische Auswahl der Partner sowie die behutsame Ausgestaltung und Pflege der Partnerschaften sind entscheidend, damit ein nachhaltiger strategischer Erfolg erzielt werden kann.
- Nicht nur das Schließen der eigenen Lücken, sondern auch das Anbieten der wertvollen Ressourcen und Fähigkeiten an Dritte kann strategisch interessant sein.

Bei der Adaption an radikalen Wandel gelingt es meist nicht, alle notwendigen Ressourcen und Fähigkeiten eigenständig zu akquirieren. In diesen Fällen muss das etablierte Unternehmen Partnerschaften eingehen, um diese Lücken schließen zu können. Gut ausgewählte und gepflegte Partnerschaften können genau den strategischen Unterschied für die erfolgreiche Adaption machen. Dafür müssen die Partnerschaften als klassische Win-win-Beziehung ausgestaltet werden und es darf keine Seite übervorteilt werden. Nur so wird die Maßnahme nachhaltig zu einem Erfolg.

Das Eingehen von Partnerschaften ist auch mit potenziellen Risiken verbunden. Wählt man den falschen Partner, kann dieser die strategische Entwicklung empfindlich behindern. Das wäre etwa der Fall, wenn der Partner schlicht die erwartete Leistung, das Schließen der identifizierten Lücke, nicht erfüllt oder langsam und träge ist, womit er das eigene Tempo mit verlangsamt. Genauso kann es bei falscher Auswahl zu einer kulturell unpassenden Paarung kommen und man versteht sich einfach nicht. Und schließlich kann man an einen Partner mit unlauteren Absichten geraten, der versucht, Know-how, Wissen und Beziehungen zu seinen alleinigen Gunsten abzuziehen. Die Auswahl der Partner und die Gestaltung der Partnerschaften müssen daher mit großer Sorgfalt erfolgen.

Das Eingehen von Partnerschaften kann unter Umständen auch dann Sinn machen, wenn eine eigenständige Akquisition von benötigten Ressourcen und Fähigkeiten zwar möglich ist, jedoch lange dauern würde. Der Faktor Zeit ist bei der Adaption an radikalen Wandel sehr wichtig. Daher kann ein Verbünden mit Partnern auch in diesem Fall sinnvoll sein. Insbesondere bei noch jungen entstehenden Wachstumsmärkten sind die erforderlichen Ressourcen und Fähigkeiten kaum genau in der gewünschten Qualität und im gewünschten Umfang vorhanden. Ein Partner kann aber eine Basis liefern, um diese weiterzuentwickeln oder mit den eigenen Ressourcen und Fähigkeiten zu kombinieren.

 Gut ausgewählte und aktiv gemanagte Partnerschaften schließen strategische Lücken in der eigenen Ausstattung mit Ressourcen und Fähigkeiten. Gescheiterte Partnerschaften bergen aber auch große strategische Risiken.

Der Ausgangspunkt für das Eingehen von Partnerschaften sind die identifizierten strategischen Lücken, die man durch die Zusammenarbeit mit Partnern schließen möchte. Dabei sind die in Bild 9.1 dargestellten und im Folgenden ausgeführten Aspekte zu berücksichtigen.

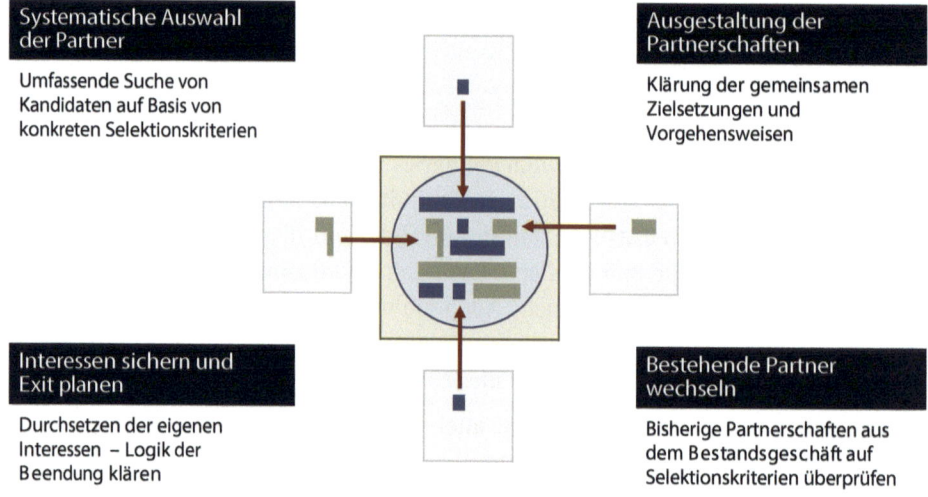

Systematische Auswahl der Partner
Umfassende Suche von Kandidaten auf Basis von konkreten Selektionskriterien

Ausgestaltung der Partnerschaften
Klärung der gemeinsamen Zielsetzungen und Vorgehensweisen

Interessen sichern und Exit planen
Durchsetzen der eigenen Interessen – Logik der Beendung klären

Bestehende Partner wechseln
Bisherige Partnerschaften aus dem Bestandsgeschäft auf Selektionskriterien überprüfen

Bild 9.1 Aspekte für die Gestaltung von Partnerschaften

■ 9.1 Systematische Auswahl der Partner

Die Suche nach strategischen Partnern beginnt mit der Definition von Selektionskriterien. Zunächst stellt sich die Frage nach dem Vorhandensein der Ressourcen und Fähigkeiten, mit denen die eigene strategische Lücke geschlossen werden kann. Dafür muss diese konkret spezifiziert werden. Was ist das genau, was wir suchen? Welche Qualität, welches Level an Professionalität, welche Beständigkeit?

Welche Menge suchen wir? Was ist zwingend nötig und wo sind wir bereit, Kompromisse einzugehen? Die Selektionskriterien für die eigentliche Leistung des Partners müssen so genau wie möglich formuliert werden, um später die Alternativen sauber bewerten zu können. Dann geht es aber auch darum, die Selektionskriterien für den strategischen und kulturellen Rahmen zu bestimmen, also die Frage, ob der potenzielle Partner auch in dieser Hinsicht zu einem passt. Inwiefern müssen die strategischen Ziele des Partners kompatibel mit unseren sein? Nach welcher Arbeitskultur suchen wir? Haben wir eine Präferenz bezüglich Unternehmensgröße, Reife des Unternehmens oder auch Alter und Hintergrund des Managements? Dieses zweite Set an Kriterien ist genauso wichtig wie das erste. Ohne eine strategische und kulturelle Passung funktioniert eine Partnerschaft nicht, auch wenn die Leistungskriterien perfekt passen würden.

Auf Basis dieser vorab definierten Selektionskriterien wird dann nach möglichen Partnern gesucht. Meistens kennt man ohne große Suchaktivität ein paar mögliche Kandidaten, die als Partner infrage kommen. Man sollte sich aber nicht mit der erstbesten Lösung begnügen. Stattdessen sollte der Optionenraum systematisch abgesucht werden. Dabei helfen beispielsweise Marktstudien, Messebesuche, Branchenverbände, Kongresse, Fachmedien, Befragung der eigenen Fachkräfte, externe Berater, Nutzung des Netzwerks und das Internet. Potenzielle Partner müssen nicht zwingend Unternehmen aus der gleichen Branche mit den gleichen Herausforderungen sein. Im Gegenteil, gute Partner findet man vor allem entlang der Wertschöpfungskette, also bei Lieferanten oder auch Abnehmern, sowie in anderen Branchen. Solche Kandidaten, sofern sie über die gewünschten Ressourcen und Fähigkeiten verfügen, sind ideale Partner, weil auch kein direktes Wettbewerbsverhältnis auf den Märkten besteht. Außerdem sollte sich die Partnersuche nicht auf kommerzielle Organisationen beschränken. Unter Umständen können auch Lehrstühle, NGOs oder der Staat wertvolle Partner werden. Mit diesem breiten Trichter werden mögliche Partner identifiziert und dann nach den definierten Selektionskriterien von einer Long List zu einer Short List gefiltert.

 Die Suche nach Partnern darf sich nicht opportunistisch am unmittelbaren Geschäftsumfeld orientieren. Stattdessen werden Kandidaten aus unterschiedlichsten Umfeldern betrachtet und mit spezifischen Selektionskriterien bewertet.

Mit der Short List stehen die Wunschkandidaten fest. Damit die Ansprache dieser Wunschkandidaten erfolgreich ist, muss man sich erst noch fragen: Was springt für den Partner dabei raus? Dank der systematischen Selektion ist klar, was für das eigene Unternehmen rausspringt: Der Partner schließt eine strategische Lücke und passt auch noch strategisch und kulturell zu einem. Doch was erhält der Partner im Gegenzug? Man muss sich Gedanken machen, was man dem potenziellen Partner bieten kann. Welches seiner Probleme können wir lösen? Wo hat er einen strategischen Vorteil? Welche strategischen Ziele hat er? Wie passen wir zusammen? Vor der Ansprache müssen die Hausaufgaben gemacht werden, sodass man beim ersten Aufschlag sauber argumentieren und vorbereitet in Verhandlungen zu einer Partnerschaft eintreten kann.

 Co-spezialisierte Assets

Als co-spezialisierte Assets (engl. *co-specialized assets*) bezeichnet man in der wissenschaftlichen Literatur Ressourcen und Fähigkeiten, die in Kombination mit anderen Ressourcen und Fähigkeiten einen höheren Mehrwert erbringen als alleine. Beispiele dafür sind Containerschiffe und Häfen mit entsprechenden Containerterminals, Flugzeugtriebwerke und globale Reparatur- und Unterhaltsnetzwerke sowie Raffinerien oder Kraftwerke, die nur mit bestimmten Rohölsorten bzw. Energieträgern funktionieren.

Die Eigentümer von solchen Paarungen sind meist unterschiedliche Unternehmen. Entsprechend ist eine Partnerschaft zwischen diesen Unternehmen immer vorteilhafter gegenüber einem Alleingang. Durch die Zusammenarbeit ergibt sich ein Mehrwert, der allerdings meist nicht hälftig geteilt wird. Derjenige Partner mit den besseren strategischen Alternativen zur Partnerwahl kann üblicherweise einen höheren Anteil am zusätzlich erzielten Gewinn verhandeln. Aufgrund der hohen Spezialisierung sind die strategischen Alternativen auf beiden Seiten aber meist sehr limitiert.

Quellen: Teece 1986; Teece 2006; Pitelis, Teece 2010

■ 9.2 Ausgestaltung der Partnerschaften

Strategische Partnerschaften können unterschiedlichste Formen annehmen. Sie sind einerseits abzugrenzen von einmaligen oder sporadischen Gelegenheiten der Zusammenarbeit und andererseits von Fusionen oder Akquisitionen. Alles was dazwischen liegt und regelmäßig mittel- bis langfristig von zwei ansonsten autonomen Unternehmen praktiziert wird, kann als strategische Partnerschaft bezeichnet werden. Eine solche Partnerschaft kann lose bis hin zu umfassend rechtlich festgelegte Ausgestaltungsformen annehmen, also von informellen Partnerschaften zu gemeinsamen Projektgruppen, schuldrechtlichen Partnerschaften und schließlich zu Joint Ventures. Die strategische Partnerschaft kann sich auch schrittweise entwickeln, wobei mit einem Piloten angefangen wird und bei Erfolg die Partnerschaft zunehmend umfangreicher und strukturell verbindlicher gemacht wird.

Je enger und umfassender die Partnerschaft definiert wird, desto höher ist der konkrete Regelungsbedarf. An erster Stelle stehen immer eine gemeinsame und eindeutig formulierte Zielsetzung und Strategie der Partnerschaft. Unterschiedliche

Vorstellungen über den eigentlichen Sinn und Zweck des Vorhabens dürfen nicht erst zutage treten, wenn strukturelle Maßnahmen eingeleitet wurden. Das Schadenpotenzial dabei wäre riesig. Daher ist es wichtig, dass die beiden Partner vorab sauber definieren, was man zusammen erreichen möchte und wer welchen Beitrag dazu leisten soll. Während diese Punkte in einem Vertrag stehen müssen, sollte ihre Formulierung nicht nur den Anwälten oder Strategieberatern überlassen werden. Vielmehr müssen die später verantwortlichen Führungskräfte und das Management beider Seiten diese Formulierungen liefern und gemeinsam abstimmen.

Dann muss geregelt werden, wie die gemeinsamen Aktivitäten geführt werden. Im Fall eines Joint Ventures sind die gesamten gesellschaftsrechtlichen Themen wie Stimmrechte, Besetzung der Gremien oder die Kapitalisierung und Gewinnverteilung zu regeln. Aber selbst wenn es auch bei lose geregelten Partnerschaften keinen rechtlichen Zwang dafür gibt, sollte doch die Führung der Partnerschaft klar geregelt sein. Wer entscheidet im operativen Tagesgeschäft? Wie werden strategische Weichenstellungen entschieden? Welche Eskalationsmechanismen gibt es? Je besser diese Dinge vorab geregelt sind, desto geringer sind später die Reibungsverluste.

Schließlich ist zu regeln, wie beide Seiten ihre Leistung in die Partnerschaft einbringen. Sinn und Zweck der Partnerschaft ist es ja, dass eine strategische Lücke an Ressourcen und Fähigkeiten zumindest von einer Seite, im Idealfall von beiden Seiten, geschlossen wird. Dafür muss geregelt werden, in welcher Form diese Leistung ausgeliefert und wie sie entschädigt wird. In diesem Zusammenhang stellt sich auch die Frage, wie die Schnittstellen zu den Partnern organisiert sind und wer dafür verantwortlich ist.

Mit dem Abschluss eines Vertrages ist die Arbeit nicht getan, sondern sie fängt erst richtig an. Während man vieles vorab regeln kann und sollte, ist es doch nicht möglich, alle Eventualitäten vorab regeln zu können. Damit sie zu einem Erfolg wird, muss die Partnerschaft laufend und aktiv geführt und gepflegt werden.

 Das Venture-Client-Modell von BMW

In Perioden von radikalem Wandel sind üblicherweise die Start-ups der Ausgangspunkt von kreativen Innovationen. Etablierte Unternehmen tendieren dazu, eher in der alten Welt zu verharren und spät auf neue Technologien und Geschäftsmodelle umzustellen. Dieses Problem haben viele Unternehmen versucht zu lösen, indem sie sich an diesen Start-ups beteiligt haben und sich so die neuen Ideen ins Haus geholt haben. Bei diesem Ansatz sind aber die Unternehmen großer Konkurrenz durch private Investoren ausgesetzt. Private Investoren wetten auf künftige Unicorns – Start-ups mit einer Bewertung von einer Milliarde Dollar und mehr. Dabei sitzt das Geld lockerer. Die etablierten Unternehmen kommen dann meist nicht zum Zug bei den wirklich vielversprechenden Start-ups.

Das Venture-Client-Modell versucht, hier Abhilfe zu schaffen. Es geht davon aus, dass Start-ups drei Dinge brauchen: Kapital, Coaching und Kunden. Private Investoren können nur die ersten zwei leisten. Statt sich also an den Start-ups zu beteiligen, werden die etablierten Unternehmen in einer frühen Entwicklungsphase zu einem ersten Kunden des Start-ups. Auch dieser Ansatz ist mit Risiken verbunden. Es wird zwar kein Kapital riskiert, aber die Integration in die eigenen Prozesse und in die Entwicklung kann auch schiefgehen. Dieses Risiko wird aber für den Vorteil in Kauf genommen, dass sich das Unternehmen in einem frühen Stadium eine neue Technologie oder Idee sichern kann, womit die Adaption angetrieben wird. Die frühen Konkurrenten, die privaten Investoren, treiben zudem den Selektionsprozess an. Erst wenn sich ein führender privater Investor an einem Start-up beteiligt, wofür es bestimmte Kriterien erfüllen muss, kommt es auch als Partner für das Venture-Client-Modell infrage.

BMW hat dieses Modell im Jahr 2015 erfolgreich eingeführt und seither Tausende von Start-ups in Bereichen wie autonomes Fahren, elektrische Antriebe oder 3-D-Druck geprüft. Von den ins Programm akzeptierten Start-ups erfüllen 90 % die Erwartungen und arbeiten nun zusammen mit *BMW* in den entstehenden Wachstumsmärkten.

Quellen: Gimmy et al. 2017

■ 9.3 Interessen sichern und Exit planen

Partnerschaften sind inhärent mit viel Konfliktpotenzial geladen. Am Ende des Tages ist es ein Zusammenschluss zweier ansonsten autonomer Organisationen. Dabei können die Interessen divergieren, aber auch unterscheiden sich etwa die Vorgehensweisen, die Risikoprofile oder die Ausstattung mit finanziellen Mitteln. Beide Seiten bringen etwas ein und wollen mindestens gleich viel wieder aus der Partnerschaft herausbekommen. Das gelingt nicht immer und vor allem nicht immer sofort und wie erwünscht. Umgekehrt können auch bei einem großen Erfolg Konflikte entstehen. Wie teilt man die Beute auf? Wer hat Anrecht auf welchen Vorteil? Durch die Partnerschaft entsteht auch eine gegenseitige Abhängigkeit. Angenommen eine neue Technologie des ersten Partners wird mit einer spezialisierten Ressource des zweiten Partners kombiniert. Beide investieren in das neue Geschäft, aber die Investitionen behalten nur ihren Wert, wenn beide mit im Spiel bleiben. Und schließlich besteht immer die latente Gefahr, dass einer der Partner beschließt, genügend aus dem gemeinsamen Geschäft gelernt zu haben und auf eigene Faust loszuziehen. Aus einer Partnerschaft entsteht dann eine Rivalität.

Diesen Fällen sollte man so weit wie möglich wie beschrieben mit rechtlichen Mitteln vorbeugen. Dabei ist ein gut aufgesetzter Vertrag die Grundlage für eine erfolgreiche Zusammenarbeit. Doch das wird nicht genügen. Die Partnerschaft muss aktiv gemanagt werden, d. h., man muss laufend um seine konkreten Interessen kämpfen und diese vertreten – auf partnerschaftliche Weise. Dazu gehört auch, dass Schutzmaßnahmen ergriffen werden, um einen möglichen Know-how-Abfluss zu verhindern. Und dann ist es wichtig, dass ein möglicher Exit bereits von Anfang an geregelt ist. Dazu gehören vor allem, wie das vorhandene gemeinsame Geschäft aufgeteilt würde und wie das Know-how, mögliche Patente und die entscheidenden Fachkräfte verteilt würden. Wenn man bereits mit einem Partner in Konflikt steht, wäre es viel schwieriger, solche Regelungen zu treffen.

Die „Profiting from Innovation"-Theorie (PFI)

Die PFI-Theorie versucht zu erklären, wieso Pioniere in einem entstehenden Wachstumsmarkt oft von Imitatoren verdrängt werden können und wieso die Früchte des Erfolgs unter Umständen mit Imitatoren, Wettbewerbern, Lieferanten und Eigentümern von komplementären Ressourcen und Fähigkeiten geteilt werden müssen.

Im Kern dieser Fragestellung steht die Frage der Aneignung (engl. *appropriability*) – das Ausmaß, zu dem der Innovator die Profite aus seiner Innovation selbst abschöpfen kann. Starke Aneignung liegt zweifellos dann vor, wenn die Innovation durch rechtliche Mittel wie Patente, Urheberrechte, Markenrechte oder Betriebsgeheimnisse geschützt werden kann. Außerdem wird die Aneignung ebenfalls gestärkt, wenn es sich bei der Innovation um implizites Wissen handelt und die Innovation nur schwer kopiert werden kann. Umgekehrt sind Innovationen, die nach Publikwerden einem Dritten verständlich und replizierbar sind, durch schwache Aneignung gekennzeichnet.

Darüber hinaus ist das bestimmende Postulat der PFI-Theorie die Relevanz von komplementären Ressourcen und Fähigkeiten für den Grad der Aneignung. Diese sind etwa nötig, um die Innovation herzustellen und zu vermarkten. Ohne Vorhandensein dieser komplementären Ressourcen und Fähigkeiten können allgemein keine Profite aus der Innovation geschlagen werden. Meist konzentriert sich der strategische Fokus auf eine oder wenige Ressourcen und Fähigkeiten (sogenannter *bottleneck asset*). Entsprechend wichtig ist, wer der Eigentümer davon ist. Dieser wird sich die höchsten Profite aneignen können. Der Eigentümer kann der Innovator selbst, aber eben auch ein Wettbewerber oder ein Dritter sein.

Diese Erkenntnis hat strategische Implikationen für den Innovator. Er muss sich vor dem Markteintritt die notwendigen komplementären Ressourcen und Fähigkeiten sichern. Das kann durch vertragliche Partnerschaften mit den Eigentümern geschehen. Doch diese Partner können, wenn eine hohe Verhandlungsmacht vorliegt, die Innovationsgewinne vollständig abschöpfen. Alternativ kann der Innovator in vertikale Integration investieren, also den eigenen Aufbau strategisch kritischer Ressourcen und Fähigkeiten. Diese Maßnahme erfordert jedoch hohe finanzielle Mittel und genügend Zeit. Davon können finanziell besser aufgestellte (meist größere) Wettbewerber profitieren. Zudem haben Pioniere, die frühzeitig in den Markt eintreten, einen Nachteil gegenüber Imitatoren, die sich vor Markteintritt die kritischen Ressourcen und Fähigkeiten gesichert haben.

Quellen: Teece 1986; Winter 2006; Teece 2006

■ 9.4 Bestehende Partner wechseln

Das etablierte Unternehmen wird auch im Bestandsgeschäft an einigen Stellen mit Partnern zusammenarbeiten. Nun ist aber dieses Bestandsgeschäft durch einen radikalen Wandel in seiner Existenz bedroht. Diese Entwicklung hat auch Implikationen auf das bestehende Portfolio an Partnerschaften. Passen diese noch zu den neuen Anforderungen? Brauchen wir diese Leistungen in dieser Form und in diesem Umfang in Zukunft überhaupt noch? Stehen wir plötzlich in einem Konkurrenzverhältnis? Es könnte beispielsweise sein, dass ein langjähriger Partner für IT-Dienstleistungen zwar bisher hervorragende Arbeit geleistet, jedoch den radikalen Wandel verschlafen hat. Die Dienstleistungen wären in diesem Fall einfach nicht brauchbar für den Einsatz in den entstehenden Wachstumsmärkten. Dann wird es nötig, sich nach neuen Partnern umzuschauen.

Das etablierte Unternehmen muss sich daher Gedanken machen, inwiefern auch das bestehende Portfolio an Partnerschaften verändert werden muss. Das kann dazu führen, dass einige Partner ersatzlos wegfallen oder andere Partnerschaften neu strukturiert werden müssen. Die bestehenden Partner sollten dafür nach den gleichen Selektionskriterien wie ein neuer Partner beurteilt werden. Es kann sehr gut sein, dass ein bestehender Partner, auch wenn man schon viele Jahre erfolgreich zusammenarbeitet, nicht mehr zu einem passt. Allen voran stellt sich die Frage, ob der Partner den Handlungsbedarf ähnlich akut einschätzt. Der radikale Wandel wird ja schließlich von den verschiedenen Playern unterschiedlich eingeschätzt. Wenn man da nicht gleicher Meinung ist, ist das problematisch für die weitere Zusammenarbeit.

 Leica erschließt Smartphone-Markt zusammen mit Partnern

Das deutsche Unternehmen *Leica* blickt auf eine über 100-jährige Geschichte zurück und ist weltweit bekannt für seine ikonischen Fotokameras. Professionelle Anwender von Fotojournalisten bis zu Modefotografen schwören auf die bekannten Produkte mit dem roten Punkt. Den radikalen Wandel durch den Siegeszug der Digitalkamera hat *Leica* überlebt, indem man auf die Nische von Retro-Kameras mit Wechselobjektiven gesetzt hat. Die Kraft der *Leica*-Marke erreichte dabei einen Preisaufschlag von 45 % gegenüber technisch identischen Produkten, hergestellt von Outsourcing-Partnern.

Doch auf den einen radikalen Wandel folgte der nächste: Der Markt für Kameras mit Wechselobjektiven erlebte seinen Höhepunkt um das Jahr 2010 und war seither auf weniger als ein Drittel seiner damaligen Höhe eingebrochen. Die Zukunft der Fotografie lag in Smartphones, deren Fotoqualität zunehmend einer professionellen Kamera entspricht.

Leica war zu klein und es fehlten kritische Ressourcen und Fähigkeiten, um alleine in den weltweiten Markt für Smartphones zu expandieren. Mit seinen führenden Fähigkeiten in Optik und Fotografie sowie der wertvollen Marke *Leica* war das Unternehmen aber ein attraktiver Partner für Hersteller von Smartphones. So ist *Leica* im Jahr 2016 eine Partnerschaft mit dem Smartphone-Hersteller *Huawei* eingegangen. Diese Partnerschaft brachte ein neues Smartphone mit der damals besten Smartphone-Kamera auf dem Markt hervor. Das Produkt konnte zu einem Preis von rund 700 Dollar verkauft werden, während sonstige *Huawei*-Smartphones nur einen durchschnittlichen Preis von 200 Dollar erzielten. Es folgten diverse weitere gemeinsame Produkte. Die Kamerakomponenten wurden jeweils von *Leica* geliefert und beim Konsumenten wurde mit der bekannten *Leica*-Marke geworben. Später wechselte *Leica* seinen Partner und arbeitet nun mit dem Smartphone-Hersteller *Xiaomi* zusammen. Unter anderem dank dieser Partnerschaftsstrategie verzeichnete das Unternehmen im Geschäftsjahr 2021 das beste Ergebnis seiner Geschichte und rechnet mit weiterem Wachstum.

Quellen: Chapman, Yemen, Venkataraman 2012; Kittilaksanawong, Mason 2017; Heuzeroth 2022

Die hier beschriebenen Schritte zeigen die Vorgehensweise zur Errichtung passender Partnerschaften, wenn man eine genaue Vorstellung und einen Plan hat, wie man die Opportunitäten der neuen entstehenden Wachstumsmärkte anzapfen kann. Das ist bei etablierten Unternehmen manchmal nicht der Fall und andere, allen voran die agilen Start-ups, sind einen Schritt voraus. Doch auch dann machen Partnerschaften Sinn. Man muss die Logik einfach gedanklich umdrehen: Statt dass man Partner für die eigenen Lücken in der Ausstattung mit Ressourcen und Fähigkeiten sucht, überlegt man sich, wie man die Lücken anderer füllen kann.

Ein etabliertes Unternehmen besitzt eine Reihe von wertvollen Ressourcen und Fähigkeiten. Einige davon sind vielleicht genau die strategische Lücke eines Start-ups oder eines anderen Unternehmens. Als Partner kann dann das etablierte Unternehmen seine Ressourcen und Fähigkeiten in eine Partnerschaft einbringen. Es partizipiert so an einem neuen Geschäft in einem entstehenden Wachstumsmarkt. Darüber hinaus kann man von den Erfahrungen mit einem Zeitvorsprung lernen und sich weiterentwickeln. So kann die Adaption dank sinnvoller Partnerschaften auch im umgekehrten Sinne funktionieren.

Neue Partnerschaften durch die „Visa Everywhere Initiative"

Das Geschäft mit Kreditkarten ist hoch profitabel. Der weltweite Marktführer *Visa* mit einem Marktanteil von 50 % erzielt in diesem Geschäft einen jährlichen Umsatz von 24,1 Milliarden Dollar, wovon 12,3 Milliarden Dollar als Gewinn anfallen (2021). Das ist eine Gewinnmarge von über 51 %! Doch das Geschäft befindet sich in einem radikalen Wandel. Verschiedene neue Player drängen auf den Markt, nutzen technologische Innovationen und machen damit den etablierten Kreditkartenfirmen wie *Visa* ihre Marktanteile und Gewinnmargen streitig.

Das Feld der neuen Player ist heterogen, es kann jedoch in drei Kategorien strukturiert werden. Erstens spielen die Big-Tech-Firmen wie *Google* oder *Apple* eine zunehmend wichtige Rolle. Dann gibt es neue Player, die ein eigenes Zahlungsökosystem aufgebaut haben wie z. B. *PayPal* oder *Stripe*. Und schließlich gibt es noch ein sehr breites Feld an aufstrebenden FinTech-Start-ups, die an verschiedenen Stellen im Markt mitspielen (z. B. *N26*, *Revolut*, *Coinbase*). Die Angebote dieser neuen Player sind meist schneller, intelligenter und vor allem günstiger als diejenigen von etablierten Kreditkartenfirmen. Der Markt ist außerdem auch dadurch charakterisiert, dass die verschiedenen Player meist Frenemies voneinander sind. In gewissen Wertschöpfungsstufen arbeiten sie zusammen („Friends") und andernorts sind sie direkte Wettbewerber („Enemies"). So pflegt auch *Visa* diverse Geschäftsbeziehungen zu den neuen Playern.

Nichtsdestotrotz hat *Visa* erst eine Abwehrhaltung gegenüber den neuen Playern eingenommen. Man hat versucht, sie klein zu halten, um so das traditionelle und hoch profitable Geschäftsmodell zu verteidigen. Diese Strategie ging nicht lange gut. Die neuen Player haben es zunehmend geschafft, sich außerhalb der Einflusssphäre von *Visa* und der anderen etablierten Kreditkartenfirmen zu entwickeln – nicht zuletzt auch gestärkt durch Milliardeninvestitionen in diese neuen Player durch Venture-Capital-Fonds. *Visa* hat daher die Strategie angepasst und verfolgt nun enge Partnerschaften mit den neuen Playern. In einer ersten Phase wurde die Partnerschaft mit den Big-Tech-Firmen und den Anbietern von Zahlungsökosystemen gestärkt. Das sind selbst große Unternehmen mit einer globalen Aufstellung. Auf Augenhöhe ging das daher sehr gut.

Die Ansprache der aufstrebenden FinTech-Start-ups gestaltete sich jedoch schwieriger. Es handelt sich um ein unübersichtliches Feld, wo laufend neue Player entstehen, die erst nur regional tätig sind. Es gestaltete sich daher schwierig, dieses Feld richtig zu greifen und zu verstehen. Um dieses Problem zu lösen, hat *Visa* die „Visa Everywhere Initiative" ins Leben gerufen. In diesem Programm werden junge FinTech-Start-ups dazu animiert, in einem Wettbewerb zu zeigen, wie ihr Angebot mithilfe der Ressourcen und Fähigkeiten von *Visa* erfolgreich sein kann. Die Gewinner erhalten ein signifikantes Preisgeld. Visa bringt dabei seine strategischen Wettbewerbsvorteile mit ins Spiel: eine globale und vertrauenswürdige Marke, eine riesige Kundenbasis und die bestehende Technologie. So gelingt es *Visa* einerseits aus dem unübersichtlichen Feld an jungen Start-ups die passenden herauszufiltern. Anderseits werden diese Start-ups als Partner an *Visa* gebunden, womit ein gemeinsames Wachsen in Zukunft möglich wird.

Quellen: Tuli, Mittal, Boncimino 2020; Visa 2022a; Visa 2022b

10

Trete in neue Märkte ein

- Da durch den radikalen Wandel die angestammten Märkte strukturell sinken und ultimativ verschwinden, ist der Eintritt in neue Märkte zwingend nötig.
- Neue Märkte entstehen entweder durch Erschließung neuer Kunden, durch Einführung neuer Produkte und Dienstleistungen oder durch eine Kombination davon.
- Jeder dieser möglichen Pfade zum Eintritt in neue Märkte erfordert unterschiedliche Kompetenzen, die das Unternehmen sich aneignen oder weiterentwickeln muss.

Inhärent mit dem radikalen Wandel verbunden ist der Niedergang der bisherigen Kernmärkte des etablierten Unternehmens. Ausgelöst durch einen einzelnen oder eine Kombination von mehreren Triggern wie etwa technologische Innovation oder Verschiebungen von Konsumgewohnheiten werden die betroffenen Märkte des etablierten Unternehmens in einen Prozess des strukturellen Rückgangs geworfen, der mit dem Verschwinden dieser Märkte enden wird. Ohne Adaption wird das etablierte Unternehmen diese Entwicklung nicht überleben. Es muss daher in neue entstehende Wachstumsmärkte mit dem Ziel eintreten, das schwindende Geschäft sukzessive damit zu kompensieren.

Diese neuen Märkte entstehen grob entlang zweier Dimensionen: Kunden oder Kundengruppen einerseits und Produkte und Dienstleistungen andererseits.

Kunden oder Kundengruppen

Die unterschiedlichen Kunden oder Kundengruppen lassen sich durch klassische Kundensegmentierungskriterien eruieren. So kann das gesamte Kundenuniversum etwa nach Geografie gegliedert werden. Findet der radikale Wandel beispielsweise weltweit nicht im gleichen Ausmaß statt, dann bieten der Wechsel oder die Fokussierung der Geschäftstätigkeit auf diese Länder oder Regionen vielleicht eine strategische Option. Oder man gliedert das Kundenuniversum nach demografischen Merkmalen. Dieses Kriterium ist sinnvoll, wenn die aktuellen Zielkunden beispielsweise durch ihr Alter oder ihre Einkommensklasse rückläufige Umsätze generieren. Ein strategischer Wechsel zu anderen Zielkunden kann sich dann als sinnvoll erweisen. Zudem sind weitere Kriterien zur Segmentierung der Kunden möglich, so etwa nach dem Nutzungsverhalten oder persönlichen Einstellungen sowie nach spezifischen branchen- oder unternehmensorientierten Kriterien. Die hier aufgelisteten Kriterien zielen auf private Konsumenten als Kunden ab. Die Logik ist genauso auf Geschäftskunden anwendbar. Hier wären Segmentierungskriterien z. B. die Unternehmensgröße, geografische Standorte, die Kundenbranche, die Reife des Unternehmens oder der Professionalisierungsgrad. Nicht selten repräsentiert auch die Expansion auf Nicht-Nutzer eine interessante strategische Chance. Hier würden potenzielle Kunden neu angesprochen, die bisher beispielsweise aufgrund der Preisgestaltung oder des logistischen Zugangs nicht bedient wurden.

Produkte und Dienstleistungen

Bei der zweiten Dimension, Produkte und Dienstleistungen, geht es um eine Veränderung dessen, was das Unternehmen anbietet. Um den radikalen Wandel zu verstehen, wurden diverse Analysen gemacht, die Erkenntnisse dafür liefern, wie sich die Produkte und Dienstleistungen verändern müssen, um den neuen Entwicklungen gerecht zu werden. Zudem wurden im Rahmen der Geschäftsmodellinnovation neue Value Propositions formuliert, aus denen sich konkrete Produkte und Dienstleistungen ableiten lassen. Die daraus resultierenden neuen Produkte und Dienstleistungen repräsentieren neue Märkte, die es zu erschließen gilt.

 Durch die Erschließung neuer Kunden bzw. neuer Produkte und Dienstleistungen oder durch beides dringt das etablierte Unternehmen in neue Märkte vor. Jeder dieser Entwicklungspfade erfordert spezifische Kompetenzen im Unternehmen.

Durch diese zwei Dimensionen ergeben sich drei generische Pfade, um in neue Märkte einzutreten: erstens mit neuen Kunden, aber den bisherigen Produkten und Dienstleistungen, zweitens mit neuen Produkten und Dienstleistungen, jedoch für die bisherigen Kunden, und drittens durch Erschließung neuer Kunden mit neuen Produkten und Dienstleistungen. Diese generischen Pfade sind in Bild 10.1 abgebildet. In der Praxis sind alle möglichen Zwischenformen von diesen generischen Pfaden vorstellbar, beispielsweise die Einführung eines neuen Produkts, das sowohl für einen Teil bisheriger, als auch für neue Kunden angeboten wird. Da der erfolgreiche Eintritt in neue Märkte je nach Pfad spezifische Kompetenzen erfordert, werden diese im Folgenden gesondert beschrieben.

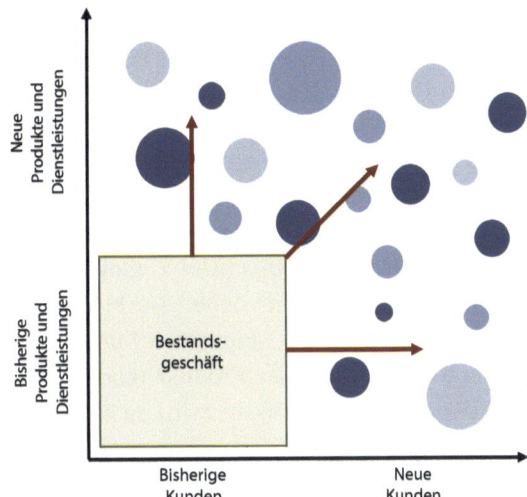

Neue Kunden, bisherige
Produkte und Dienstleistungen

Erschließung von
Kundenpotenzialen mit den
bestehenden Angeboten

Neue Produkte und Dienst-
leistungen, bisherige Kunden

Entwicklung neuer Produkte und
Dienstleistungen für die
bestehenden Kundengruppen

Neue Kunden, neue Produkte
und Dienstleistungen

Entwicklung neuer Produkte und
Dienstleistungen für neue
Kundengruppen

Bild 10.1 Generische Pfade für neue Markteintritte

■ 10.1 Neue Kunden, bisherige Produkte und Dienstleistungen

Die Erschließung neuer Kundensegmente ist eine sehr herausfordernde Managementaufgabe, obwohl sich das eigentliche Produkt oder die Dienstleistung gar
nicht verändert wird. Ein typischer Fall dafür ist der Wechsel oder die Expansion
von Geschäftskunden zu Privatkunden oder umgekehrt. Angenommen ein Hersteller eines bestimmten Produkts für den professionellen Gebrauch möchte dieses
Produkt auch privaten Anwendern anbieten. Einerseits eröffnet diese Expansion
den Zugang zu einem völlig neuen Absatzmarkt, der potenziell viel Wachstum ver-
spricht. Anderseits können die bisherigen Vermarktungskonzepte kaum übernommen werden. Privatanwender müssen über andere Kommunikationskanäle angesprochen werden. Ihnen sind auch andere Themen in der Kommunikation wichtig.
Während bei professionellen Anwendern meist der rein funktionale Nutzen eines
Produkts relevant ist, möchten Privatanwender damit vielleicht ein Lebensgefühl
ausdrücken und sich mit einer Marke identifizieren können. Privatanwender be-
ziehen das Produkt auch über andere Verkaufskanäle als Geschäftskunden, die
wiederum hinsichtlich logistischer Anforderungen oder vor allem auch bezüglich
Margen und Pricing ganz anders funktionieren. Entsprechend muss das etablierte
Unternehmen beim Eintritt in Märkte mit neuen Kunden folgende Vermarktungskompetenzen besitzen oder dafür aufbauen.

Potenziale neuer Kundenmärkte eruieren

Zuerst geht es darum, überhaupt die Potenziale neuer Kundenmärkte eruieren zu können. In der Regel ist es ja nicht so, dass diese Kunden auf das neue Angebot gewartet haben. Ihr Kundenbedürfnis wird bisher von anderen Anbietern oder mit alternativen Lösungen befriedigt. Das Unternehmen muss diese Situation richtig beurteilen können. Es muss die entsprechenden Marktgrößen und Wachstumsraten verlässlich einschätzen können. Genauso wichtig ist es aber, ein Gefühl für das zu erwartende kompetitive Umfeld zu haben, das es vorfinden wird. Welche Wettbewerber wird es im neuen Markt geben? Wie werden diese auf den Markteintritt reagieren? Welche konkreten Kundentypen werden wir ansprechen können? Wie werden diese unser Produkt relativ zu den Wettbewerbsangeboten einschätzen? Welche Marktstruktur wird sich etablieren? Um eine informierte Entscheidung hinsichtlich des Markteintritts fällen zu können, muss das Unternehmen ein gutes Verständnis zu diesen Fragestellungen haben.

Logistik- und Vertriebskanäle anpassen

Ist diese Entscheidung gefällt, geht es um die Implementierungsplanung des Markteintritts. Neue Kunden werden meist über andere Logistik- und Vertriebskanäle erreicht als im Bestandsgeschäft. Die Frage, wie das Produkt oder die Dienstleistung die neuen Kunden erreicht, muss unabhängig von den bisherigen Lösungen beantwortet werden. Nur weil beispielsweise im Bestandsgeschäft konsequent Direktgeschäft gemacht wird, heißt das nicht, dass neue Kunden vielleicht besser über Distributoren erreicht werden. Hier muss ergebnisoffen und aus Sicht des Kunden gedacht werden. Gerade im Kontext des radikalen Wandels müssen die bisherigen Konzepte bei Logistik und Vertrieb kritisch auf Sinnhaftigkeit hinterfragt werden.

Angebotsstruktur und Pricing definieren

Des Weiteren muss eine spezifische Angebotsstruktur mit entsprechendem Pricing entwickelt werden. Neue Kunden zeigen womöglich ein ganz anderes Einkaufsverhalten als die Kunden im Bestandsgeschäft. Auch wenn sich das eigentliche Produkt nicht ändert, gibt es vielleicht andere Anforderungen an Packungsgrößen, Liefermengen oder Kauffrequenzen. Damit verbunden und ein erfolgskritisches Gestaltungselement sind die Preise. Welche Preisstaffeln sind bei den neuen Kunden durchsetzbar? Welche Erwartungen an Rabatte gibt es? Wie wird die Wertschöpfung auf die Handelsstufen verteilt? Dem Pricing ist große Beachtung zu schenken, zumal nicht selten die neue Kundengruppe attraktiver gegenüber der bisherigen ist, weil höhere Preise durchsetzbar sind. Dieses Potenzial muss mit der richtigen Preispolitik eingefangen werden.

Kommunikations- und Werbekonzepte entwickeln

Für die neuen Kunden müssen dann auch andere Kommunikations- und Werbe-
konzepte entwickelt werden. Die neuen Kunden werden sich nicht nur über andere
Kanäle informieren und unterhalten lassen, sie müssen auch mit anderen Inhalten
bespielt werden. Diese unterscheiden sich unter Umständen wesentlich vom Bestandsgeschäft. Am beschriebenen Beispiel von Geschäftskunden und Privatkunden zeigt sich dies deutlich. Geschäftskunden werden meist mit fach- und nut-
zungsorientierten Informationen angesprochen. Dabei werden spezifische Kanäle
genutzt oder oft auch direkt kommuniziert. Bei Privatkunden läuft die Kommunikation üblicherweise mit Emotionen und mit Einsatz von Massenmedien. Dabei
stellt sich auch die Frage, wie die Marke des Unternehmens eingesetzt und für die
neuen Kunden uminterpretiert wird.

Beziehungen mit neuen Kunden und Wettbewerbern aufbauen

Schließlich muss das Unternehmen im neuen Markt zunehmend ein holistisches
Verständnis des neuen Geschäftsumfelds erlangen und auf dieser Basis Beziehungen mit Kunden und Wettbewerbern aufbauen. Das beginnt mit einem vertieften
Verständnis der neuen Kunden. Was sind die konkreten Bedürfnisse? Was treibt
sie an? Was sind aber auch die neuen Kundenprozesse? Wie treffen sie eine Kauf-
entscheidung? Wie nutzen sie das Produkt? Genauso müssen auch die neuen Wettbewerber verstanden werden. Sie unterscheiden sich im Zweifel wesentlich von
den bekannten Wettbewerbern im Bestandsgeschäft. Sie haben eine andere Historie, andere Stärken und Schwächen. Sie agieren anders auf dem Markt. Auch hier
geht es darum, das neue Geschäftsumfeld umfassend zu verstehen. Diese Punkte
gelten in jedem Geschäft, auch ohne neuen Markteintritt. Jedoch sind sie dann besonders wichtig, um in diesem nachhaltig erfolgreich zu sein.

 **Markt und Kunden nicht verstanden: Der Misserfolg großer
Internetkonzerne in China**

China ist der weltweit größte Markt für Internetdienstleistungen. Überraschen-
derweise sind die im Westen bekannten Internetkonzerne im chinesischen Markt
deutlich weniger erfolgreich als ihre lokalen Konkurrenten. So ist etwa *JD.com*
Marktführer im E-Commerce, weit vor *Amazon*; genauso liegt *Baidu* vor *Google*
(Suchmaschinen), *Taobao* vor *eBay* (Marktplatz) und *55 Tuan* vor *Groupon* (digitale Gutscheine). Die landläufige Erklärung, dass diese Performanceunterschiede
durch die strikte staatliche Zensur bedingt sind, greift zu kurz. Andere Märkte
mit einer ähnlichen Zensurkultur kennen dieses Phänomen nicht. So ist beispielsweise *Google* in Saudi-Arabien mit über 95 % Marktanteil unangefochtener
Marktführer.

Die Performanceunterschiede erklären sich wohl durch die Unfähigkeit der westlichen Player, den chinesischen Markt und insbesondere seine Kunden richtig zu verstehen und die Angebote entsprechend anzupassen. Statt einer vertieften und kontinuierlichen Analyse der Kundenbedürfnisse, des Einkaufsverhaltens, lokaler Gepflogenheiten und Gewohnheiten, haben die westlichen Internetkonzerne ihre Angebote einfach sprachlich übersetzt und online gestellt. Sie haben praktisch einen plumpen Copy-and-Paste-Ansatz angewendet. Die lokalen Anbieter hingegen haben die lokalen Charakteristika aufgegriffen und die Angebote entsprechend angepasst – im Zweifel sogar individuell pro Provinz.

Die vertiefte Konsumentenanalyse von den lokalen Anbietern hat beispielsweise ergeben, dass chinesische Konsumenten große Vorbehalte beim Kauf von Secondhand-Artikeln haben, weil sie den unbekannten privaten Anbietern nicht vertrauen. *Taobao* hat deshalb einen Kurznachrichtendienst eingerichtet, in dem die Nutzer sich vor Abschluss eines Handels austauschen und kennenlernen konnten. In diesem Sinne wurden unzählige Erkenntnisse zum Markt und zu den Kunden aufgenommen und damit die Angebote und Geschäftsmodelle auf die lokalen Bedürfnisse angepasst. Trotz technologischer Überlegenheit der westlichen Internetkonzerne haben die chinesischen Anbieter mit ihrem stoischen Kundenfokus die Marktführerschaft erlangt.

Quelle: Zeng, Glaister 2016

■ 10.2 Neue Produkte und Dienstleistungen, bisherige Kunden

Auch der zweite Pfad, neue Produkte und Dienstleistungen für bisherige Kunden, bietet eine Vielzahl von Optionen für die Erschließung neuer Märkte. Die Logik in diesem Fall lautet wie folgt: Wir kennen unsere Kunden in- und auswendig. Wir wissen genau, was ihre Sorgen und Bedürfnisse sind. Und vor allem haben wir hervorragende Kundenbeziehungen und ein großartiges Standing im Markt. Wieso also bieten wir unseren Kunden nicht weitere Produkte und Dienstleistungen an, die sie zusätzlich benötigen und mit denen wir unser Kernangebot ergänzen können. Man spricht dabei auch von Komplementärprodukten oder benachbarten Sortimenten. Eine naheliegende Option dafür wären beispielsweise das Anbieten von Unterhalt und Wartung oder von Verbrauchsmaterial für die eigenen Geräte oder Maschinen. Der Optionenraum geht aber viel weiter. Das neue Produkt oder die neue Dienstleistung kann völlig losgelöst vom Kernangebot sein und einfach den gleichen Kundenkreis adressieren, so können z. B. Gastronomen zusätzlich auch als Immobilienmakler agieren, Baustoffhändler auch Zeitarbeitskräfte vermitteln oder Energieversorger auch Telekommunikation anbieten. Diese Form der Erschließung neuer Märkte erfordert folgende Kompetenzen, die das etablierte Unternehmen aufbauen und weiterentwickeln muss.

Potenziale neuer Produkt- und Dienstleistungsmärkte eruieren

Auch hier geht es zunächst darum, die Potenziale in neuen Produkt- und Dienstleistungsmärkten richtig eruieren zu können, um überhaupt eine informierte Entscheidung hinsichtlich der Investitionen in einen Markteintritt fällen zu können. Es muss dabei gelingen, sich von einer reinen Außensicht – Marktgrößen, Wachstumsraten, Wettbewerbssituation – hin zu einer Innensicht vorzuarbeiten. Dazu gehört ein umfassendes Verständnis der wichtigsten Treiber der Geschäftsmodelle in dem Markt. Welche konkreten Leistungsversprechen gibt es? Was für eine Rolle spielt Technologie? Welche typischen Probleme herrschen vor? Wie gehen die verschiedenen Marktteilnehmer damit um? Wie kann das eigene Unternehmen in seiner Position als Außenseiter einen Mehrwert bieten oder gar einen Kostenvorteil ausnutzen? Diese Innensicht muss sich zunehmend so schärfen, dass sich die Kenntnisse und das Verständnis nicht von denjenigen der originären Marktteilnehmer unterscheiden.

Kompetenzen für Leistungserstellung aneignen

Die nächste Herausforderung ist naheliegend. Das etablierte Unternehmen muss sich die Kompetenzen für die eigentliche Leistungserstellung aneignen. Dazu gehören die professionelle Beschaffung der erforderlichen Vorleistungen, die Produktion bei physischen Produkten oder die Leistungserbringung bei Dienstleistungen sowie die notwendigen Logistikprozesse. Je nachdem wie weit der neue Markt von dem bisherigen Geschäft entfernt ist, werden dabei bestehende Ressourcen und Fähigkeiten angepasst und erweitert oder es müssen neue akquiriert werden (siehe Kapitel 8). Hinzu kommt auch die Anpassung der Supportprozesse an das neue Geschäft. So kann sich beispielsweise das Debitorenmanagement in neuen Produkt- und Dienstleistungsmärkten stark unterscheiden, weil Rechnungshöhe und Zahlungsfrequenzen sehr unterschiedlich sind. Diese Anpassungen sollte das etablierte Unternehmen meist ohne externe Akquisition von Ressourcen und Fähigkeiten vollbringen können.

Optionen durch Zulieferer prüfen

Das Aufbauen einer kompletten Wertschöpfungskette für ein neues und zumindest dem Unternehmen bisher unbekanntes Produkt oder eine Dienstleistung scheint wie eine kaum lösbare Mammutaufgabe. Wie soll man in nützlicher Frist etwas aufbauen, was beim angestammten Kernangebot Jahrzehnte oder gar Generationen gedauert hat? Die Praxis zeigt, dass dies dank global fragmentierten Lieferketten mit spezialisierten Lieferanten und Dienstleistern zur lösbaren Aufgabe wird. Oft gelingt es, dass neue Produkte und Dienstleistungen komplett durch Dritte geliefert werden und dem eigentlichen Anbieter die Koordinationsrolle mit einer sehr geringen Wertschöpfungstiefe zukommt. So werden viele auch hochkomplexe Produkte vom Ultraschallgerät bis zum Smartphone vollständig durch Zulieferer gefertigt und zusammengebaut, während sich die gegenüber dem Kunden auftretenden Anbieter auf die Entwicklung und das Prozessmanagement fokussieren. Gerade solche Märkte, in denen diese Form der Leistungserstellung üblich ist, eignen sich am besten für die Erschließung neuer Produkt- und Dienstleistungsmärkte.

Fachkräfte rekrutieren

Eine Ressource ist aber trotzdem unerlässlich: Fachkräfte. Dem etablierten Unternehmen muss es gelingen, Mitarbeiter mit Know-how in der Entwicklung, Beschaffung und Vermarktung der neuen Produkte und Dienstleistungen zu rekrutieren. Diese Aufgabe unterscheidet sich von der üblichen Rekrutierung von Fachkräften, weil diese in anderen Fachbereichen gesucht werden. Während es beispielsweise in den bestehenden Produkt- und Dienstleistungsmärkten einfach ist, ein Jobprofil zu formulieren und die Kandidaten zu bewerten, fehlen dafür in den neuen Märkten das Wissen und die Erfahrung. Das Management muss daher befähigt sein, sich auch ein Bild über die Qualifikation von Kandidaten in fremden Fachbereichen zu machen. Dieses Herantasten an ein neues Geschäftsumfeld gilt genauso für die rekrutierten Mitarbeiter. Auch sie kommen aus einer anderen Welt und müssen versuchen, die beiden Welten zu verbinden. Diese Form von Out-of-the-box-Denken ist daher beim Erschließen von neuen Produkt- und Dienstleistungsmärkten erfolgskritisch.

 Aktive Kannibalisierung des Kernprodukts: Die Adaption von Philip Morris International

Eine Milliarde Menschen auf der Welt sind Raucher. Dieser gewaltige Markt befindet sich in einem radikalen Wandel. Seit Jahrzehnten wird die Branche mit einschneidenden Maßnahmen reguliert. So wurden sukzessive Werbeverbote für Tabakprodukte in den verschiedensten Medien ausgesprochen, die Hersteller wurden verpflichtet, ihre Packungen mit Hinweisen über die gesundheitlichen Risiken des Rauchens zu versehen, das Rauchen in diversen Innenräumen wurde verboten, und nicht zuletzt wurden hohe Steuern auf Tabakprodukte erhoben.

Diese Maßnahmen führten zu einer Verschiebung der Konsumgewohnheiten. In den Vereinigten Staaten beispielsweise rauchen heute noch 17 % der Bevölkerung, während es in den 1960er-Jahren noch 42 % waren. Nur in Schwellenländern wie der Türkei oder den Philippinen bleibt der Verkauf von Tabakprodukten ein wachsendes Geschäft. Der global größte Schwellenmarkt, China, wird allerdings exklusiv vom staatlichen Monopolisten, der *China National Tobacco Corporation*, beliefert. Hinzu kommt jüngst der Druck von ESG-Richtlinien (Environmental, Social, Governance), die es vielen Investoren verbieten, in Tabakunternehmen zu investieren.

Der weltweit größte privatwirtschaftliche Tabakkonzern *Philip Morris International (PMI)*, Eigentümer von ikonischen Zigarettenmarken wie *Marlboro* oder *Chesterfield*, bestreitet seit 2016 seine Adaption an diesen radikalen Wandel durch Eintritt in den neuen Produktmarkt von Tabakerhitzern und elektronischen Zigaretten. Dieses Marktsegment wurde bisher durch neue Player bevölkert. Die etablierten Tabakkonzerne hatten sich nicht richtig in dieses Feld vorgewagt. Das mit dem Markteintritt verbundene Versprechen an die Gesundheitsbehörden, Investoren und die Gesellschaft als Ganzes lautet wie folgt: Trotz aller möglichen Verbote und Appelle bleibt ein Teil der Bevölkerung Raucher. Diese Zielgruppe versorgen wir künftig mit weniger gesundheitsschädigenden Produkten statt mit traditionellen Zigaretten.

Das Unternehmen nimmt damit bewusst die Kannibalisierung des langjährigen eigenen Kernprodukts in Kauf. *PMI* hat diese mutige, aber auch risikoreiche Strategie konsequent verfolgt. Es wurden über sechs Milliarden Dollar in die Akquisition von Ressourcen und Fähigkeiten für diesen Markteintritt investiert. Dadurch konnten über 4600 Patente für rauchfreie Produkte registriert werden. Über 90 % der Forschungs- und Entwicklungsinvestitionen werden im neuen Produktmarkt investiert. Unter den Markennamen *Iqos* und *Marlboro HeatSticks* lancierte *PMI* seine Tabakerhitzer und elektronischen Zigaretten zuerst in Japan und Italien. Es folgten über 50 weitere Märkte inklusive der Vereinigten Staaten.

Das Ergebnis nach wenigen Jahren kann sich sehen lassen. Bis ins Jahr 2022 erzielte *PMI* bereits 30 % der Gesamtumsätze mit der neuen Produktkategorie. In Japan und Italien, den Ländern mit einer frühen Markteinführung, liegt der Anteil bereits bei 71 % bzw. 53 %. Das Ziel ist, den globalen Umsatzanteil bis 2025 auf über 50 % zu steigern. Außerdem liegt die Bruttomarge der neuen Produktkategorie zehn Prozentpunkte höher als im klassischen Zigarettensegment. *PMI* verdient also mit dem entstehenden Wachstumsmarkt deutlich mehr als im angestammten Geschäft. Aufgrund dieses Erfolgs versuchen verschiedene Wettbewerber die Strategie eilig zu kopieren. *PMI* hat aber durch die frühzeitige Adaption mehrere Jahre Vorsprung und ist damit gut aufgestellt, seine führende Marktposition weiter auszubauen.

Quellen: Cordon, Wellian 2020; Farber, Olynec 2020; PMI 2022

■ 10.3 Neue Kunden, neue Produkte und Dienstleistungen

Schließlich gibt es noch die Kombination beider vorhergehenden Pfade, also die Erschließung neuer Kunden mit neuen Produkten und Dienstleistungen. Dieser Pfad wird sinnvollerweise dann gewählt, wenn der eine Markteintritt den anderen bedingt. Dies wäre etwa der Fall, wenn eine neue Kundengruppe erschlossen werden soll, dies aber zwangsläufig auch eine Veränderung des Produkts oder der Dienstleistung erfordert. Befindet sich ein etabliertes Unternehmen beispielsweise in einem radikalen Wandel, weil der typische Kundenstamm in dem Markt sehr alt ist und sich dadurch naturgemäß verringert, wird das Unternehmen vermutlich versuchen, eine jüngere Kundengruppe anzusprechen. Dies gelingt aber kaum mit den bestehenden Produkten und Dienstleistungen, weil diese ebenfalls veraltet und nicht auf dem neuesten Stand sind. Entsprechend müssen Produkte und Dienstleistungen mit digitalen Funktionen, anderem Design oder auch anderen Preis- und Abrechnungsmethoden geschaffen werden. Umgekehrt kann sinngemäß der Eintritt in einen neuen Produkt- oder Dienstleistungsmarkt auch eine Veränderung der Zielkunden bedingen.

Ein solcher doppelter Markteintritt bedeutet auch doppelte Risiken und doppelte Anforderungen an die Kompetenzen des Unternehmens. Bild 10.2 fasst die erforderlichen Kompetenzen noch einmal zusammen. Daher ist dieser doppelte Markteintritt nur dann zu wählen, wenn sich die zwei Pfade wie beschrieben gegenseitig bedingen. Ansonsten empfiehlt sich ein phasenweises Vorgehen, bei dem in einem ersten Schritt in einen neuen Kundenmarkt bzw. Produkt- oder Dienstleistungsmarkt eingetreten wird. Wenn dann die neue Marktposition gefestigt ist, kann in einem zweiten Schritt der zweite Markteintritt erfolgen.

Neue Kunden	Neue Produkte und Dienstleistungen
▪ Eruieren der konkreten Potenziale der neuen Kundenmärkte	▪ Eruieren der konkreten Potenziale mit einer Innensicht der neuen Produkt- und Dienstleistungsmärkte
▪ Auswahl und Aufbau passender Logistik- und Vertriebskanäle	▪ Leistungserstellung von der Beschaffung über die Produktion bis hin zur Logistik
▪ Entwicklung neuer Angebotsstrukturen mit entsprechendem Pricing	▪ Oder: Koordination von Dritten als Zulieferer und Dienstleister
▪ Definition von zielgruppenorientierten Kommunikations- und Werbekonzepten	▪ Rekrutierung von Fachkräften in den neuen Produkt- und Dienstleistungsbereichen
▪ Verstehen und Aufbau von Beziehungen mit neuen Kunden und Wettbewerbern	

Zwischenformen und Kombinationen möglich

Bild 10.2 Kompetenzen für einen erfolgreichen Eintritt in neue Märkte

Disruptive Innovationen und das Innovator's Dilemma

Disruptive Innovationen (engl. *disruptive innovations, disruptive technologies*) bezeichnet das Phänomen, dass gewisse Innovationen bei Markteinführung eine schlechtere Performance aufweisen, als die üblichen Kunden erwarten würden. Weil sie aber günstiger, kleiner, einfacher und praktischer sind, öffnen sich damit neue Märkte, sprich neue Kundengruppen. Nach einiger Zeit gelingt es der disruptiven Innovation hinsichtlich Performance aufzuschließen und damit das etablierte Produkt aus dem Markt zu drängen.

Etablierte Unternehmen sind nicht dafür aufgestellt, disruptive Innovationen zu erschließen. Sie hören exakt auf die üblichen Kunden und investieren in die Verbesserung existierender Technologien und Kundenlösungen. Außerdem fokussieren sie sich auf das Halten und Ausbauen der Profitabilität in existierenden, großen Märkten – und übersehen entstehende Wachstumsmärkte, wo disruptive Innovationen entstehen. Letztere werden stattdessen von neuen Playern, meist Start-ups, erschlossen. Damit drängen diese das etablierte Unternehmen aus dem Markt. Das Schicksal von etablierten Unternehmen ist, so die Theorie, vorprogrammiert: Sie werden aussterben. Das ist das *Innovator's Dilemma.*

Um diesem Schicksal entgegenzuwirken, sollten etablierte Unternehmen kleine Organisationseinheiten einrichten, die sich mit der disruptiven Innovation beschäftigen. Diese Einheiten können viel kleinere, kaum greifbare Märkte mit anderen Kunden als den üblichen adressieren. So schafft man ein Vehikel, das die Nachteile einer großen Organisation wie eines etablierten Unternehmens wettmacht. Außerdem wird der Verlust minimiert, sollte die disruptive Innovation nicht oder erst zeitverzögert erfolgreich sein.

Die Theorie von disruptiver Innovation beschreibt also einen ganz spezifischen Pfad des Wandels: Ein neuer Player kreiert mit einem vorerst unterlegenen neuen Produkt oder einer Dienstleistung einen neuen Markt. Dieser Markt wächst und ersetzt den etablierten Markt mit den etablierten Playern. Radikaler Wandel kann jedoch viele andere Pfade durchlaufen. Zum Beispiel muss die Innovation nicht zwingend unterlegen gegenüber existierenden Lösungen sein oder der radikale Wandel kann durch andere Trigger wie neue Gesetze oder Regulierungen ausgelöst werden. Außerdem gibt es Situationen, in denen die etablierten Unternehmen durch ihre Ressourcen und Fähigkeiten sogar einen Vorteil statt einem Nachteil gegenüber neuen Playern wie Start-ups haben.

Quellen: Tushman, Anderson 1986; Teece 1986; Christensen 1997; Teece 2006; Leih, Teece 2018

Der Eintritt in neue Märkte ist in Perioden von radikalem Wandel zwingend notwendig für das langfristige Überleben des Unternehmens. Nichtsdestotrotz ist ein Markteintritt per se mit zwei wesentlichen Risiken verbunden. Erstens kann der Markteintritt misslingen, weil das Unternehmen nicht die notwendigen Kompetenzen aufbauen kann und damit im neuen Markt schlicht erfolglos bleibt. Zweitens können die Potenziale falsch eingeschätzt werden. Dann gelingt vielleicht sogar der Markteintritt, jedoch stellt man dann im Nachhinein fest, dass der neue Markt vielleicht ähnlich unattraktiv wie der angestammte Markt des Unternehmens ist. Da ein Markteintritt immer mit Investitionen verbunden ist, gehen diese Mittel bei Misserfolg verloren. Zudem verliert das Unternehmen Zeit und Energie in der Adaption.

Der Entscheidung über einen Markteintritt und der Umsetzung sind daher große strategische Beachtung zu schenken. Halbe Sachen oder „einfach mal ausprobieren" funktioniert erfahrungsgemäß nicht. Eine gute Konzeption und Planung ist die Grundlage für einen erfolgreichen Markteintritt. Der Grad an Vorausplanung muss sich dabei aber an die Nähe zum bisher Bekannten richten. Je näher der neue Markt am bisherigen Geschäft ist, desto eher kann man konkrete Planungen erstellen bis hin zur Bewertung der Projekte mit finanztechnischen Methoden wie beispielsweise Net Present Value. Sind die Projekte weiter weg und eher visionär, sollte das Management aber auch auf Excel Sheets verzichten können und eine wirklich strategische Entscheidung fällen. Hier stehen Fragen im Vordergrund wie: Wollen wir in diesen Markt? Können wir da erfolgreich sein? Passt das zu unserem Unternehmen? In diesem Sinne muss jeder Markteintritt individuell bewertet werden.

Vorlage: Identifizieren von neuen Märkten

Starten Sie die Suche nach neuen Märkten mit der Spezifizierung der zwei erwähnten Dimensionen: 1) Produkte und Dienstleistungen und 2) Kunden. Machen Sie sich dabei Gedanken, wie sich diese vom heutigen Bestandsgeschäft unterscheiden werden: Welche neuen Produkte und Dienstleistungen wird es geben? Welche neuen Kunden können angesprochen werden? Sie haben sich damit das Optionenraster für die Suche nach neuen Märkten geschaffen. Nun können Sie auf der Matrix verschiedene Alternativen für neue Markteintritte einzeichnen. Diese ergeben sich immer aus einer Kombination neuer Produkte und Dienstleistungen und neuer Kunden.

Vorlage zum Download: *plus.hanser-fachbuch.de*

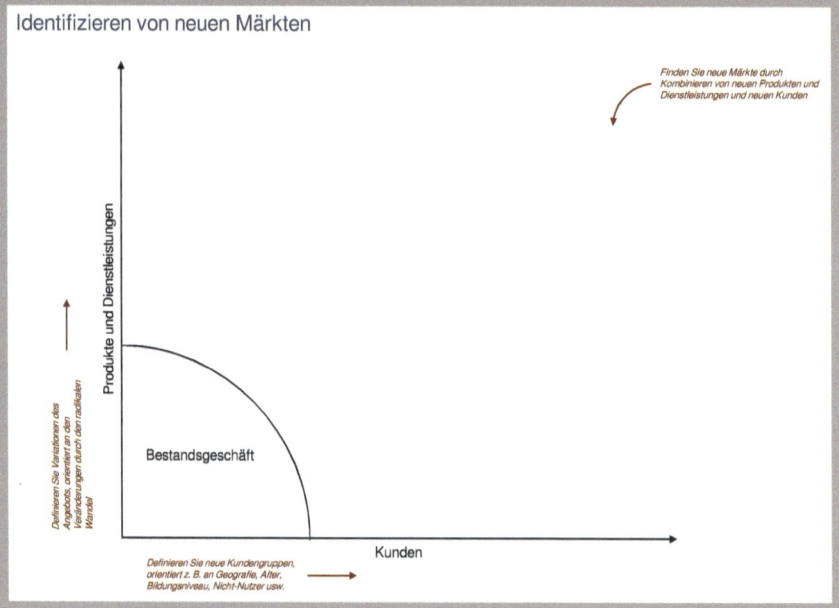

11 Gestalte den radikalen Wandel aktiv mit

- Durch aktive Einflussnahme auf die Trigger des radikalen Wandels kann das etablierte Unternehmen diesen auch zum eigenen Vorteil mitgestalten.
- Während der radikale Wandel zwar nicht gänzlich verhindert werden kann, ist es jedoch meist möglich, auf die konkrete Ausgestaltung oder auf die Geschwindigkeit des Wandels Einfluss zu nehmen.
- Die dafür nötige Einflusssphäre umfasst beispielsweise die Teilnahme in standardsetzenden Gremien, den Austausch mit Wissenschaft und Forschung sowie das Einwirken auf staatliche Behörden.

Grundsätzlich entsteht der radikale Wandel im Geschäftsumfeld des etablierten Unternehmens und wirkt von außen auf dieses ein. Der Ursprung des radikalen Wandels liegt in äußeren Veränderungen wie etwa Verschiebungen von Konsumgewohnheiten oder neuen Spielregeln durch Regulierungen und Gesetze. Darauf folgt die Adaption des Unternehmens durch das Verstehen des radikalen Wandels, das Investieren in neue Opportunitäten und die Rekonfiguration des Unternehmens. In diesem Sinne ist die Adaption eine Reaktion auf ein äußeres Ereignis und es gibt eine klare Abfolge: Erst entsteht der radikale Wandel, dann erfolgt die Adaption.

Nun ist das Unternehmen dennoch auch ein Bestandteil dieses wandelnden Geschäftsumfelds und damit nicht zwangsläufig einfach nur einseitig äußeren Kräften ausgeliefert. In dieser Position kann das Unternehmen auch versuchen, den radikalen Wandel aktiv zu gestalten, statt nur darauf zu reagieren. Dabei macht das Unternehmen seinen Einfluss im Gesamtsystem seines Geschäftsumfelds geltend, um beispielsweise die Ausprägungen, die Intensität oder den Verlauf des radikalen Wandels zum eigenen Vorteil zu gestalten.

Auslöser für radikalen Wandel können unterschiedliche Trigger sein. Dazu gehören typischerweise technologische Innovationen, Verschiebungen von Konsumgewohnheiten, neue Spielregeln durch Regulierungen und Gesetze oder veränderte Wettbewerbsbedingungen (siehe Kapitel 1). Diese Trigger sind die Anknüpfungspunkte für die Gestaltung des radikalen Wandels. Sobald ein gutes Verständnis darüber vorliegt, wie verschiedene Trigger den radikalen Wandel herbeiführen, kann das etablierte Unternehmen durch gezielte Maßnahmen die äußeren Entwicklungen mitgestalten.

Die Mitgestaltung des radikalen Wandels beginnt mit der Festlegung der präferierten Wunschszenarien. Dann werden die Ziele hinsichtlich der Variation der Trigger festgelegt. Diese Ziele werden mit den Möglichkeiten der eigenen Einflusssphäre abgeglichen und wo nötig angepasst. Es folgt die Umsetzung des Konzepts. Diese Vorgehensweise ist im Folgenden genauer beschrieben und in Bild 11.1 schematisch dargestellt.

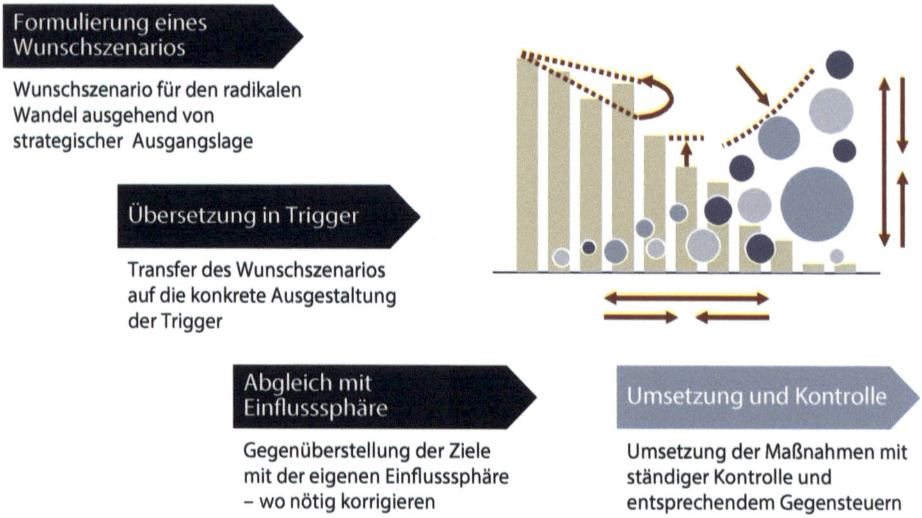

Formulierung eines Wunschszenarios

Wunschszenario für den radikalen Wandel ausgehend von strategischer Ausgangslage

Übersetzung in Trigger

Transfer des Wunschszenarios auf die konkrete Ausgestaltung der Trigger

Abgleich mit Einflusssphäre

Gegenüberstellung der Ziele mit der eigenen Einflusssphäre – wo nötig korrigieren

Umsetzung und Kontrolle

Umsetzung der Maßnahmen mit ständiger Kontrolle und entsprechendem Gegensteuern

Bild 11.1 Aktive Mitgestaltung des radikalen Wandels

■ 11.1 Formulierung eines Wunschszenarios

Der radikale Wandel kann sich in unterschiedlichen Szenarien entfalten: Die Entwicklung kann beschleunigt, in mehreren Wellen, oder verlangsamt vonstattengehen. Verschiedene Kundensegmente können unterschiedlich oder in Etappen betroffen sein. Es kann geografische Unterschiede geben. Start-ups einerseits oder etablierte Unternehmen andererseits können strategische Vorteile oder Nachteile haben. Bestimmte Kernereignisse können früher oder später eintreffen. Der radikale Wandel erstreckt sich typischerweise über mehrere Jahre, manchmal sogar Jahrzehnte. Über einen solch langen Zeitraum kann er verschiedene Drehungen und Wendungen nehmen, womit sich unterschiedlichste Szenarien bewahrheiten können.

Je nach Szenario ist das Geschäftsumfeld vorteilhaft oder nachteilig für die Adaption des etablierten Unternehmens. Das Unternehmen in Adaption muss aber zuerst einmal eruieren, welches Szenario oder welche Szenarien für einen selbst am vorteilhaftesten sind. Um diese Frage zu beantworten, braucht man ein gutes Verständnis der eigenen strategischen Ausgangslage. Im Kern geht es dabei darum, wie weit man selbst mit der Adaption vorangekommen ist. Es geht also um Fragen wie: Wie gut ist die Entwicklung und Etablierung neuer Geschäftsmodelle vorangekommen? Sind die dafür notwendigen Ressourcen und Fähigkeiten akquiriert sowie Partnerschaften geschlossen? Sind bereits entsprechende Markteintritte erfolgt? Bei diesen Fragestellungen geht es nicht um eine simple Ja-/Nein-Antwort, sondern vielmehr um eine Analyse, wie gut oder wie schlecht das eigene Vorankommen auch im Vergleich mit altbekannten und neu entstehenden Wettbewerbern eingeschätzt wird. Diese Einschätzung muss mit den möglichen Szenarien abgeglichen werden. Dort wo die beste Passung zur eigenen Ausgangslage identifiziert wurde, liegt dann das Wunschszenario.

Ferner sollte auch betrachtet werden, welche Szenarien am besten zur Ausgangslage beim Bestandsgeschäft passen. Durch den radikalen Wandel ist dieses strukturell rückläufig, und im Zuge der Adaption wird es Stück für Stück durch neues Geschäft abgelöst. Unter dieser Prämisse werden bestimmte Investitionen nicht mehr getätigt und strategische Entscheidungen entsprechend anders gefällt. Neigt sich beispielsweise die Lebensdauer einer Maschine oder Produktionsanlage dem Ende zu, würde ein Drehen des Marktes von neuen zu alten Kundenlösungen zu diesem Zeitpunkt am besten passen. Oder wenn eine Organisationseinheit mit Mitarbeitern mehrheitlich kurz vor Rentenalter im Zuge der Adaption irgendwann geschlossen würde, sollte ein Szenario mit einem fortgeschrittenen Wandel erst nach Pensionierung dieser Mitarbeiter angestrebt werden.

 Mit Blick auf die eigene strategische Ausgangslage und den Fortschritt der Adaption wird ein Wunschszenario hinsichtlich der Ausprägungen, der Intensität und des Verlaufs des radikalen Wandels festgelegt. Dieses wird dann in die konkreten Trigger übersetzt.

■ 11.2 Übersetzung in Trigger

Die unterschiedlichen Szenarien beschreiben das Ausmaß und die Implikationen des radikalen Wandels. Diese Szenarien wiederum werden aber durch spezifische Trigger ausgelöst. Wenn nun also im ersten Schritt das Wunschszenario oder die Wunschszenarien festgelegt wurden, müssen diese anschließend in die relevanten

Trigger übersetzt werden. Es geht also um die Frage: Wie genau müssen die Trigger ausgestaltet sein, damit sich das entsprechende Wunschszenario einstellt?

Erklärt an einem Beispiel: Angenommen der radikale Wandel wird durch die Einführung eines neuen Gesetzes ausgelöst. Das könnte z. B. der Wegfall eines Verbotes, die Liberalisierung eines Marktes oder die Einführung einschneidender neuer Regeln sein. Es geht also um einen Trigger im Bereich neue Spielregeln durch Regulierungen und Gesetze. Das neue Gesetz wird zwangsläufig einen radikalen Wandel auslösen. Das ist nicht veränderbar. Jedoch ist die Ausgestaltung variabel. So kann etwa debattiert werden, zu welchem Datum das Gesetz in Kraft tritt. Es können bestimmte Teile des Marktes ausgenommen oder die neuen Regeln geografisch auf bestimmte Regionen eingeschränkt werden. Genauso wäre es möglich, dass einzelne Marktsegmente schrittweise mit unterschiedlichen Einführungsdaten in das neue Regime überführt werden. Oder das neue Gesetz kann Anforderungen an Marktteilnehmer enthalten, die der Ausstattung an Ressourcen und Fähigkeiten des eigenen Unternehmens besonders gut entsprechen und sogar bestimmte Wettbewerber ausschließen.

Das Beispiel zeigt, dass durch gezielte Einflussnahme auf die Trigger des radikalen Wandels die Entwicklung des Geschäftsumfelds in Richtung des Wunschszenarios gesteuert werden kann, also z. B. eine frühere oder spätere Inkraftsetzung des neuen Gesetzes. Damit kann man die Rahmenbedingungen für die Adaption im eigenen Sinne beeinflussen und somit die Erfolgschancen erhöhen. Damit dies gelingt, muss man also nicht nur das Wunschszenario oder die Wunschszenarien für die Entwicklung festlegen, sondern auch konkret definieren, wie die Trigger ausgestaltet sein müssen, damit sich diese einstellen.

 Abhängig von den Zielen und der Einflusssphäre des etablierten Unternehmens gibt es folgende typische Methoden zur Mitgestaltung des radikalen Wandels:

- *Mitgestaltung Spielregeln:* Staatliche und nicht-staatliche Instanzen legen in vielen Branchen die Spielregeln des Wirtschaftens fest. Dabei sind diese in der Regel auf die Expertise aus den Unternehmen angewiesen. Das etablierte Unternehmen kann in den entsprechenden Gremien teilnehmen und so die Agenda mitbestimmen. Damit kann z. B. die Geschwindigkeit oder sogar das Ausmaß des radikalen Wandels beeinflusst werden.
- *Zugang zu Patenten, Anwendungen, Technologien, Rohstoffen:* Auch wenn die neuen Geschäfte im radikalen Wandel das Bestandsgeschäft ablösen, brauchen erstere oft den Zugang zu einzelnen Produktionsfaktoren der alten Welt. Als Eigentümer solcher Produktionsfaktoren kann das etablierte Unternehmen diesen Zugang aktiv steuern, um so den Verlauf des radikalen Wandels zu beeinflussen. Es verzichtet dabei potenziell auf ein mögliches Geschäft, den Verkauf des relevanten Produktionsfaktors, um seine viel wichtigeren strategischen Interessen zu verfolgen.

- *Kommunikation, gesellschaftliche Debatte:* Radikaler Wandel wird oft begleitet durch eine öffentliche Auseinandersetzung in der Gesellschaft mit den Entwicklungen. Dazu gehören nicht nur die für das Unternehmen im Vordergrund stehenden kommerziellen Aspekte, sondern auch Einflüsse auf Gesellschaft und Umwelt. Das etablierte Unternehmen kann in dieser Debatte aktiv teilnehmen und so versuchen, öffentlichen Druck im eigenen Sinne je nach Zielsetzung zu verstärken oder zu verringern.
- *Innovation:* Die Einführung von innovativen Produkten und Dienstleistungen beschleunigt üblicherweise den radikalen Wandel. Sie zeigen neue Kundenlösungen auf und können damit eine latente Nachfrage der Konsumenten zu einem konkreten Bedürfnis werden lassen. Deren Einführung in den Markt kann daher zu einem Kernereignis im radikalen Wandel werden (man denke nur an die Markteinführung des iPhones). Der Zeitpunkt muss entsprechend strategisch passend gewählt werden.
- *Rechtliche Maßnahmen:* Die Markteinführung bestimmter Produkte und Dienstleistungen, die Anwendung bestimmter Geschäftspraktiken oder Vergabe von Lizenzen an neue Player könnten manchmal durch rechtliche Maßnahmen beeinflusst werden. Typischerweise gelingt es dabei nicht, die Entwicklung unendlich zu verhindern, jedoch kann sie vielleicht aufgeschoben werden. Unter Umständen kann ein etabliertes Unternehmen so wertvolle Zeit gewinnen, um in der Adaption vorwärtszukommen, bevor der Markt umfassend dreht. ∎

■ 11.3 Abgleich mit Einflusssphäre

Das Wunschszenario oder die Wunschszenarien sind festgelegt und diese sind auf die Ausgestaltung der Trigger übersetzt, so weit, so gut. Doch die strategischen Rahmenbedingungen eines Unternehmens sind schließlich kein Wunschkonzert. Im nächsten Schritt wird deshalb die Zielsetzung mit den tatsächlichen Möglichkeiten des Unternehmens abgeglichen, die Trigger überhaupt beeinflussen zu können. Es geht dabei um die Einflusssphäre des Unternehmens.

Die Trigger des radikalen Wandels entstehen in einem sehr weit gefassten Geschäftsumfeld des Unternehmens. Relevant sind dabei einerseits konkrete Instanzen wie etwa die Kunden, Zulieferer, Wettbewerber, standardsetzende Gremien, Wissenschaft und Forschung, Regulatoren, staatliche Behörden und viele weitere oft branchenspezifische Bestandteile des Geschäftsumfelds. Andererseits sind diese aber auch noch schwieriger greifbare Aspekte wie gesellschaftliche Einstellung und Motivationen, Sitten und Handelsbräuche oder wirtschaftsethische Vorstellungen.

Als Bestandteil dieses Geschäftsumfelds hat jedes Unternehmen immer irgendwie einen Einfluss auf dessen Entwicklung. Diese bestehenden Möglichkeiten des Unternehmens werden nun den Zielen bei der Ausgestaltung der Trigger gegenübergestellt. Dabei ist nicht nur zu beachten, inwiefern die Einflusssphäre des Unternehmens heute ausreicht, um die Trigger zu beeinflussen, sondern auch wie diese ausgebaut werden könnte. Am genannten Beispiel eines neuen Gesetzes wäre das etwa der Fall, wenn man heute nicht Mitglied der beratenden Gremien ist, jedoch aufgrund der Größe und Bedeutung mittelfristig dort einen Sitz einnehmen könnte. Mit der Gegenüberstellung von gewünschter Beeinflussung der Trigger und tatsächlicher oder möglicher Einflusssphäre ergibt sich eine Korrekturschleife auf der Zielsetzung für die Mitgestaltung des radikalen Wandels. Erst wenn diese realistisch – und sicherlich ambitioniert – ist, kann die Umsetzung folgen.

■ 11.4 Umsetzung und Kontrolle

Auf die nun final festgelegte Zielsetzung bei der Mitgestaltung des radikalen Wandels folgt deren Umsetzung. Dabei geht es darum, innerhalb der bestehenden Einflusssphäre tätig zu werden und diese wo nötig auszuweiten. Die Instrumente dafür sind vielseitig und von Fall zu Fall individuell. Die oben integrierte Textbox zeigt einige praktische Beispiele dafür. Grundsätzlich geht es aber um eine Interaktion mit den relevanten Stakeholdern zur Beeinflussung der Ausgestaltung der Trigger. Das geht vom Austausch mit diesen Stakeholdern über die Teilnahme in formellen und informellen Plattformen bis hin zum Einwirken auf Entscheidungsträger in der eigenen Sache.

Diese Maßnahmen werden langfristig verfolgt. Erfahrungsgemäß gibt es keine kurzfristigen Erfolge, und Einmalaktionen sind meist erfolglos. In diesem Sinne müssen die Maßnahmen auch ständig auf ihre Sinnhaftigkeit kontrolliert werden und muss wo nötig gegengesteuert werden. Außerdem muss die Umsetzung der Maßnahmen auch immer wieder mit den sonstigen Aktivitäten im Adaptionsprozess abgeglichen und angepasst werden.

Die Ausführungen zeigen, dass der radikale Wandel zwar extern bedingt ist, jedoch nicht einfach einseitig über das etablierte Unternehmen hereinbricht. Es gibt einen Gestaltungsspielraum, den man nutzen kann. Nun stellt sich abschließend die Frage, wie weit dieser Gestaltungsspielraum geht. Kann sogar der Extremfall provoziert werden, sprich könnte der radikale Wandel auch komplett verhindert werden?

Angesichts der Existenzrisiken, die mit radikalem Wandel verbunden sind, wäre eine Verhinderung sehr verlockend. Die Wahrscheinlichkeit, dass so etwas gelingt, ist allerdings sehr gering. Radikaler Wandel wird grundsätzlich extern ausgelöst. Die Macht, solche externen Kräfte komplett zu unterdrücken, besitzt wohl kein Unternehmen. Außerdem müsste dieses Unternehmen den radikalen Wandel dafür sehr früh erkennen und verstehen, um ihn unterdrücken zu können. Je früher dies jedoch gelingt, desto wahrscheinlicher ist auch eine erfolgreiche Adaption, womit sich das Unternehmen sogar in eine stärkere Position als zuvor hieven kann. Demzufolge wäre der Pfad der Adaption wohl die interessantere strategische Option, als alle Energie in die Unterdrückung des radikalen Wandels zu stecken.

 Den radikalen Wandel gänzlich verhindern zu können, ist nicht nur unrealistisch, sondern auch nicht sinnvoll: Durch eine erfolgreiche Adaption erschließt das etablierte Unternehmen nämlich neue Opportunitäten und stärkt damit seine Marktposition.

12 Denke Entscheidungsfindung und Evaluation neu

- Konventionelle Entscheidungsprozesse im Unternehmen und Evaluationsroutinen der Führungskräfte passen nicht zu den Herausforderungen im radikalen Wandel.
- Stattdessen muss mit neuen Metriken, dezentralen, schnelleren und häufigeren Entscheidungen sowie mit separatem Reporting gearbeitet werden.
- Davon nicht betroffen ist das Bestandsgeschäft. Solange noch vorhanden, kann und soll dieses weiterhin nach der bisherigen Logik geführt werden.

Die strategische Führung eines Unternehmens besteht im Kern darin, die richtigen Entscheidungen zu treffen. Dafür wurden in jedem Unternehmen über die Jahre spezifische Prozesse etabliert. Dazu gehören nicht nur die formellen Entscheidungswege – von den Fachabteilungen über die Führung einer Geschäftseinheit und die Stabsstellen bis in den Vorstand. Zu den etablierten Entscheidungsprozessen eines Unternehmens gehören auch die informellen Gepflogenheiten, wie etwa die Konsultation eines vertrauten Beraters oder die Involvierung bestimmter Schlüsselpersonen, auch wenn diese formell kein grünes Licht geben müssten.

Außerdem hat jede individuelle Führungskraft über den Lauf der Karriere ein eigenes Sensorium für die Evaluation von strategischen Optionen entwickelt. Dazu gehören auch das eigene Bauchgefühl und die persönlichen Erfahrungswerte, die man nicht immer mit Zahlen, Daten und Fakten belegen kann. Das ist auch meist nicht nötig und möglich. Nicht jede strategische Fragestellung kann man bis ins letzte Detail analysieren und belegen. Dafür hat man Erfahrungen gesammelt und nutzt diese für seine Entscheidungen.

Während solche organisatorischen und individuellen Prozesse zur Entscheidungsfindung in normalen Zeiten wichtig und richtig sind, müssen sie in Perioden von radikalem Wandel ebenfalls angepasst werden. Bei radikalem Wandel bricht nämlich die bisherige Geschäftsgrundlage weg und wird durch eine neue ersetzt. Erfahrungen und Gewissheiten aus der alten Welt sowie die damit verbundenen Denkweisen und Lösungsansätze werden nicht nur wertlos, sondern auch gefährlich. Ein neues Problem mit alten Lösungen zu behandeln ist meist falsch. Man kann sich nicht mehr auf die Weisheit der „alten Hasen" verlassen, und die lang-wierigen Entscheidungsprozesse eines etablierten Unternehmens können nicht mit der Geschwindigkeit der neuen Welt mithalten.

 Kognitive Perspektiven der Führungskräfte beeinflussen die Strategie

In Perioden von radikalem Wandel ist vorwiegend zu beobachten, dass Start-ups mit innovativeren Lösungen in den Markt eintreten als etablierte Unternehmen. Studien zur Kognition von Führungskräften gehen davon aus, dass dies an unter-schiedlichen kognitiven Perspektiven der Führungskräfte liegt. Die Vertreter der beiden Unternehmenstypen blicken sozusagen unterschiedlich auf die Welt, obwohl diese faktisch gleich ist.

Neue Technologien und entstehende Märkte werden oft von etablierten Unterneh-men ignoriert oder erst gar nicht wahrgenommen. Das liegt daran, dass diese Neuheiten mit unterschiedlichen Denkmustern und Bewertungsrahmen betrachtet werden. Aus Sicht der Führungskraft eines etablierten Unternehmens sind diese Neuheiten schlicht minderwertig, weil sie nicht den gängigen Leistungskriterien entsprechen. Deshalb werden die wirklich innovativen Neuheiten tendenziell eher von Start-ups in den Markt eingeführt. Außerdem führen diese falschen kognitiven Interpretationen dazu, dass erfolglose strategische Stoßrichtungen eingeschlagen werden. Es konnte auch gezeigt werden, dass die Erfahrungen und Konventionen aus der Vergangenheit auf die neuen entstehenden Märkte fälschlicherweise übertragen werden. Dazu gehören etwa Entwicklung von Geschäftsmodellen, Ausgestaltung von Produktmerkmalen oder Bewertung von Marktentwicklungen als Gefahr statt als Opportunität.

Diese Erkenntnisse zeigen, dass beim Management der Adaption an radikalen Wandel bewusst auf die eigene Kognition geachtet werden muss. Dabei muss die Entscheidungsfindung und Evaluation von neuem Geschäft auch aus einem ande-ren Blickwinkel betrachtet werden.

Quellen: Tripsas, Gavetti 2000; Gilbert 2006; Kaplan, Tripsas 2008; Benner, Tripsas 2012

Die Adaption an den radikalen Wandel muss daher auch eine Veränderung der Entscheidungsfindung und Evaluation umfassen. Dazu gehören die in Bild 12.1 dargestellten und im Folgenden genauer erläuterten Elemente.

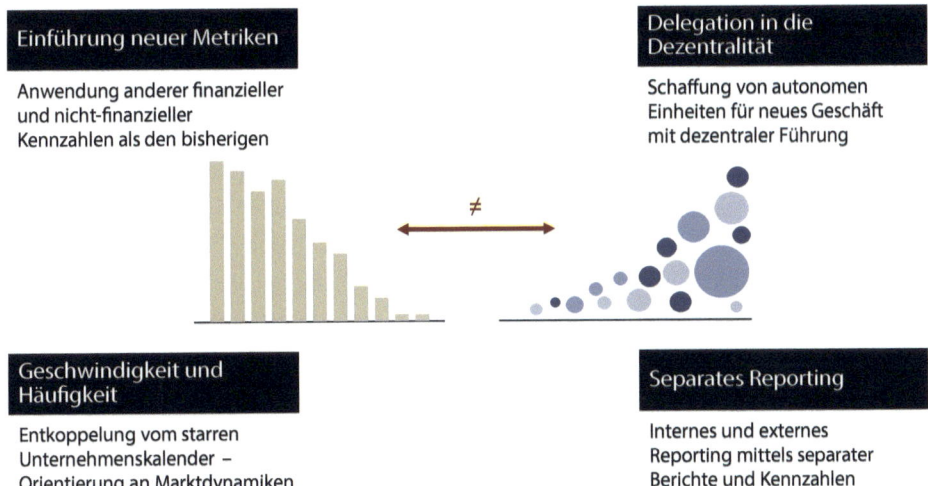

Einführung neuer Metriken

Anwendung anderer finanzieller und nicht-finanzieller Kennzahlen als den bisherigen

Delegation in die Dezentralität

Schaffung von autonomen Einheiten für neues Geschäft mit dezentraler Führung

Geschwindigkeit und Häufigkeit

Entkoppelung vom starren Unternehmenskalender – Orientierung an Marktdynamiken

Separates Reporting

Internes und externes Reporting mittels separater Berichte und Kennzahlen

Bild 12.1 Veränderung der Entscheidungsfindung und Evaluation

■ 12.1 Einführung neuer Metriken

Kennzahlen sind ein unverzichtbares Werkzeug für die Führung des Unternehmens. Sie bringen unterschiedliche Geschäftsbereiche, Regionen oder auch Zeiträume auf eine vergleichbare Ebene, womit man objektive Entscheidungen fällen kann. Klassischerweise werden dabei finanzielle und nicht-finanzielle Kennzahlen eingesetzt. In beiden Kategorien hat ein etabliertes Unternehmen seine üblichen Kennzahlen, womit das Bestandsgeschäft geführt wird. Meist sind diese Kennzahlen für die neuen entstehenden Wachstumsmärkte nicht mehr geeignet und müssen daher neu gedacht werden.

Typischerweise wird das Bestandsgeschäft eines etablierten Unternehmens mit einem starken Fokus auf Profitabilitätskennzahlen geführt, allen voran EBITDA oder EBIT. Das hat einen guten Grund. Im bestehenden Geschäft gibt es keine wirklich großen Überraschungen auf dem Markt, die Marktanteile sind weitestgehend verteilt und die Umsätze wachsen beziehungsweise sinken aufgrund des radikalen Wandels zusammen mit der allgemeinen Marktentwicklung. Statt beim Umsatz spielt die Musik also bei Effizienzgewinnen innerhalb des Unternehmens. Entsprechend versucht man das Ergebnis unter dem Strich zu optimieren. Bei entstehenden Wachstumsmärkten ist das anders. Dort geht es erst mal darum, eine relevante Marktposition zu erlangen und zusammen mit dem Markt zu wachsen. Entsprechend versucht man den Umsatz zu optimieren – zur Not zulasten der Profitabilität. Der Markteintritt in diese Märkte ist in den meisten Fällen zu Beginn mit Verlusten verbunden. Die Bilanzen müssen das entsprechend absorbieren können.

Um sich in den neuen entstehenden Wachstumsmärkten eine gute Marktposition sichern zu können, wird das neue Geschäft mit Fokus auf Umsatzwachstum geführt – Verluste werden vorübergehend in Kauf genommen.

Während bei den finanziellen Kennzahlen nur ein Wechsel des Fokus innerhalb eines bestens bekannten Kennzahlensystems stattfindet, wird bei den nicht-finanziellen Kennzahlen wirkliches Neuland betreten. Jede Branche kennt dabei ihre typischen nicht-finanziellen Kennzahlen, die zur Messung des strategischen Erfolgs eines Geschäfts herangezogen werden. In den neuen entstehenden Wachstumsmärkten sind diese Kennzahlen meist nicht mehr wichtig oder gar nicht erst zu messen. Beispielsweise ist in der Verlagsbranche im alten Printgeschäft die Auflage das Maß aller Dinge, während bei digitalen Medien hauptsächlich Klicks und Visits zählen. Genauso gibt es einen solchen Wechsel bei Anwaltskanzleien, die zunehmend nicht mehr in *billable hours*, sondern in Servicepaketen und Usern für ihre durch künstliche Intelligenz erstellten Rechtstexte denken müssen. Im Zuge der Adaption müssen die Führungskräfte den Gebrauch dieser Kennzahlen anpassen. Dazu gehören nicht nur Kenntnisse über die Berechnung und die Treiber dieser Kennzahlen, sondern etwa auch ein Gefühl dafür, was man aus den unterschiedlichen Höhen herauslesen kann.

■ 12.2 Delegation in die Dezentralität

Zwischen dem bisherigen Geschäft, das herkömmliche Bestandsgeschäft des etablierten Unternehmens, und dem neuen Geschäft, die neuen Geschäftsmodelle und Eintritte in neue Märkte, besteht ein gewisses Spannungsverhältnis. Wie beschrieben, wird das neue Geschäft mit anderen Metriken gemessen. Ein direkter Vergleich ist also nicht immer möglich. Dann ist das neue Geschäft zumindest zu Beginn viel kleiner als das bisherige Geschäft, sodass es in einer Gesamtbetrachtung sogar gerne einmal vergessen wird. Und schließlich gibt es meist unmittelbares Konfliktpotenzial durch die mögliche Kannibalisierung des bisherigen Geschäfts durch das neue. Vertreter des bisherigen Geschäfts versuchen da nicht selten, das neue im Keim zu ersticken, um sich interne Konkurrenz vom Hals zu halten – und überlassen somit das Feld dem Wettbewerb außerhalb des Unternehmens.

Dieses Spannungsverhältnis kann entspannt werden, indem das neue Geschäft in die Dezentralität delegiert wird. Was heißt das? Statt das neue Geschäft in die zentrale Führung zu integrieren, werden weitestgehend autonome Einheiten geschaffen, die eigenständig entscheiden und das Geschäft weitertreiben können. In diesen Einheiten wird eine eigene Logik der Entscheidungsfindung und Evaluation gepflegt und insbesondere auch aufgebaut und weiterentwickelt, die genau zu dem neuen Geschäft passt. So gelingt es, eine für das neue Geschäft adäquate strategische Führung zu praktizieren. Die Rolle der zentralen strategischen Führung ähnelt dann der eines Finanzinvestors, der unterschiedliche „Wetten" verwaltet und darüber entscheidet, wo er mehr oder weniger Mittel investiert.

Ob es sich bei den dezentralen Einheiten um eine oder mehrere Einheiten handelt, hängt davon ab, wie unterschiedlich die neuen Geschäfte sind. Genauso wie es zwischen bisherigem und neuem Geschäft Spannungsverhältnisse gibt, können solche auch zwischen zwei oder mehreren unterschiedlichen neuen Geschäften entstehen. Entsprechend müssen diese Einheiten strukturiert werden.

 Neues Geschäft wird dezentral nach eigenen Metriken und Methoden sowie mit dem eigenen Tempo geführt. Der Blick der Zentrale entspricht dem eines Finanzinvestors mit einem Portfolio aus unterschiedlichen „Wetten".

■ 12.3 Geschwindigkeit und Häufigkeit

Die Dynamik von entstehenden Wachstumsmärkten unterscheidet sich wesentlich von den reifen Märkten des Bestandsgeschäfts. Während die Wachstumsraten bei reifen Märkten eher der Flugbahn eines startenden (oder meist landenden) Jumbojets gleichen – stetiger Anstieg nach Plan auf einer geraden Linie –, entspricht die Marktentwicklung bei entstehenden Wachstumsmärkten eher der Flugbahn einer Stubenfliege. Dort geht es nämlich steil hoch, manchmal seitwärts und gerne auch mal wieder steil runter. Nicht selten landet der Flug auch mal in einer Fensterscheibe und es geht erst nach kurzzeitiger Leblosigkeit weiter im Flug. Erst wenn sich im neuen Markt ein sogenanntes *Dominant Design* (siehe Textbox) etabliert hat, wird man sich auf eine stetigere Marktentwicklung einstellen.

In diesem Geschäftsumfeld können sich die Entscheidungs- und Evaluationsprozesse nicht nach dem Sitzungskalender der Führungsgremien richten und schon gar nicht nach den jährlichen Planungsprozessen oder Führungskräftetagungen. Die Entscheidungen müssen dann getroffen werden, wenn es auf dem Markt neue Entwicklungen gibt. Das heißt, Entscheidungen müssen schneller und häufiger getroffen werden, als es das etablierte Unternehmen gewohnt ist. Das neue Geschäft braucht dafür ein Echtzeit-Tracking der Entwicklungen auf dem Markt. Dazu gehört ein vertiefter Blick auf den Wettbewerb und eine Früherkennung, wann und wo neue Wettbewerber in den Markt eintreten. Die Kunden müssen in ihrer Nutzung, ihren Bedürfnissen und auch in ihrer Kritik genau beobachtet werden, um daraus Trends und Weiterentwicklungspotenzial zu erkennen. Das Management des neuen Geschäfts muss dann ohne Abstimmungsrunden mandatiert sein, auf solche neuen Erkenntnisse laufend und sehr schnell reagieren zu können.

 Dominant Design

In Perioden von radikalem Wandel entstehen neue Produkte und Dienstleistungen, die bisherige Angebote der etablierten Unternehmen zunehmend ablösen. In der Anfangsphase von solchen Entwicklungen haben diese Produkte und Dienstleistungen unterschiedlichste Eigenschaften und sind zumindest teilweise nicht direkt vergleichbar.

Erst mit der weiteren Entwicklung etabliert sich für diese neuen Produkte und Dienstleistungen ein sogenanntes *Dominant Design*. Das ist ein Set von gemeinsamen Produktmerkmalen, das jeder Anbieter auf dem entstehenden Wachstumsmarkt gleich anbietet. Diese Produktmerkmale werden zum De-facto-Standard der Branche. Bekannte historische Beispiele dafür sind das *Ford Model-T* bei Autos, die *Douglas DC-3* bei Flugzeugen oder *Microsoft Windows* bei Computern.

Bis ein *Dominant Design* entsteht, besteht ein Wettbewerb unter den Playern eines entstehenden Wachstumsmarktes darüber, dass sich möglichst viele Produktmerkmale etablieren, die zu den eigenen Ressourcen und Fähigkeiten passen. Bei Erfolg können daraus nachhaltige strategische Wettbewerbsvorteile entstehen. Dieser Wettbewerb wird geführt durch Interaktionen mit den Eigentümern von komplementären Ressourcen und Fähigkeiten, den Nutzern, Regulierungsbehörden und Normungsgremien. Die verschiedenen Player in diesem Wettbewerb um ein *Dominant Design* brauchen eine gute finanzielle Ausstattung, um diese Phase der Ungewissheiten zu überstehen.

Nachdem sich ein *Dominant Design* etabliert hat, fokussiert sich der Wettbewerb auf Effizienzsteigerungen und inkrementelle Produktverbesserungen innerhalb des Rahmens des *Dominant Designs*. Die Basis des Wettbewerbs verschiebt sich also weg vom Produkt und hin zur Wertschöpfungskette. Üblicherweise reduziert sich dann die Anzahl Player auf dem Markt.

Quellen: Abernathy, Utterback 1978; Teece 1986; Teece 2006

■ 12.4 Separates Reporting

Schließlich sollte für das neue Geschäft ein separates Reporting eingerichtet werden. Dieses trägt erstens dem Umstand Rechnung, dass das neue Geschäft mit anderen Metriken gemessen wird. Man kann in einem separaten Reporting dafür andere Schwerpunkte setzen und kommt nicht in Versuchung, das neue mit dem bisherigen Geschäft zu sehr zu vergleichen. Es handelt sich um zwei unterschiedliche Dinge, und das sollte auch beim Reporting nicht vermischt werden. Zudem

handelt es sich beim neuen Geschäft erst einmal um kleine Pflänzchen, die grö-
ßenmäßig nicht mit dem Bestandsgeschäft zu vergleichen sind. Gerade weil man
die Zukunft des Unternehmens auf diese zarten Pflänzchen setzt, sollte man sie
nicht als Anhängsel des Bestandsgeschäfts, sondern als neue Geschäftsfelder betrachten, auch wenn sie erst einmal nicht so groß sind.

Hinzu kommen ab einem gewissen Zeitpunkt die Informationsbedürfnisse der
externen Stakeholder. Sie müssen mit einem entsprechend separaten externen
Reporting bedient werden. Wenn das neue Geschäft noch Umsatz- und Ergebnis-
beiträge im einstelligen Prozentbereich macht, ist das zu früh und vermutlich eher
kontraproduktiv. Man würde zu sehr transparent machen, wie wenig weit man in
der Adaption ist. Sobald es aber vorzeigbare Zahlen gibt, sollte auch nach außen
berichtet werden, welcher Anteil des Geschäfts bereits mit neuen Geschäftsmodellen und in neuen Märkten gemacht wird. Der Klassiker ist etwa die Kommunikation, wie viel vom Umsatz und EBITDA mit digitalen Geschäftsmodellen erzielt
wird. Nicht zuletzt sind diese Kennzahlen auch relevant für die Unternehmensbe-
wertung. Ergebnis ist eben nicht gleich Ergebnis. Neues Geschäft wird von professionellen Investoren mit wesentlich höheren Multiples bewertet als das bisherige
Geschäft.

Die Adaption an den radikalen Wandel ist eine Aufgabe von vielen Jahren, wenn
nicht sogar Jahrzehnten. Das Unternehmen wird also über längere Zeit sowohl
neues als auch bisheriges Bestandsgeschäft im Portfolio halten. Die hier beschriebenen Veränderungen sind explizit nur für das neue Geschäft gedacht. Es wäre
falsch, diese auch auf das Bestandsgeschäft anzuwenden. Wenn also beispielsweise neue Metriken für das neue Geschäft eingeführt werden, sollte man diese
nicht auf Biegen und Brechen auf das Bestandsgeschäft anwenden. Im Gegenteil,
die bisherigen Entscheidungs- und Evaluationsprozesse wurden absichtlich in
dieser Ausgestaltung für das Bestandsgeschäft geschaffen und machen dort auch
entsprechend Sinn. Daher sollte man das Bestandsgeschäft nach der bisherigen
Logik weiterführen.

Leitfragen im Bereich Seizing

- Welche neuen Wachstumsmärkte entstehen durch den radikalen Wandel? Was ist unsere Prognose für deren künftige Entwicklung?
- Wie sehen die Technologien, Kundenlösungen und Geschäftsmodelle in diesen entstehenden Wachstumsmärkten konkret aus? Wie werden sich diese im Verlauf des radikalen Wandels weiter verändern und entwickeln?
- Müssen wir unsere bestehenden Geschäftsmodelle an den radikalen Wandel anpassen oder werden diese gar ersetzt? Welche konkreten Anpassungen unserer Geschäftsmodelle müssen wir vornehmen?
- Welche Ressourcen und Fähigkeiten sind in den entstehenden Wachstums-märkten erfolgskritisch? Verfügen wir über diese? Wo haben wir Lücken?
- Welche konkreten Make- und Buy-Optionen sollen wir verfolgen, um die Lücken in unserer Ausstattung mit Ressourcen und Fähigkeiten zu schließen?
- Wie finanzieren wir die geplanten Investitionen in die Adaption? Wie vermitteln wir die notwendigen Maßnahmen unseren Aktionären und sonstigen Kapital-gebern?
- Wo ist es sinnvoll, strategische Partnerschaften einzugehen, um die Lücken in unserer Ausstattung mit Ressourcen und Fähigkeiten zu schließen?
- Wie gestalten wir solche Partnerschaften aus? Wie sichern wir den geplanten Erfolg in den Partnerschaften und unsere eignen Interessen?
- In welche entstehenden Wachstumsmärkte wollen wir eintreten? Welche lassen wir bewusst aus und wieso?
- Welche Kompetenzen benötigen wir für die gewählten Markteintritte? Wie eignen wir uns diese Kompetenzen an? Wie entwickeln wir bestehende Kom-petenzen weiter?
- Wo wollen und können wir den Verlauf des radikalen Wandels mitgestalten? Wie nehmen wir konkret Einfluss, um die Entwicklungen in unserem Sinne zu beeinflussen?
- Wie messen wir Erfolg und Misserfolg von unseren Aktivitäten in den entste-henden Wachstumsmärkten? Wie gestalten wir unsere Entscheidungsprozesse in diesem neuen Umfeld?

Teil III – Transforming

Ausrichten und Rekonfigurieren des Unternehmens an die neuen Realitäten

Die Adaption an den radikalen Wandel löst eine Umschichtung des Geschäftsport-folios weg von strukturell rückläufigem Bestandsgeschäft und hin zu neuem Geschäft in entstehenden Wachstumsmärkten aus. Dieser Prozess verläuft typischerweise über einen sehr langen Zeitraum von mehreren Jahren, manchmal sogar Jahrzehnten, und ist das Ergebnis verschiedenster strategischer Initiativen verteilt über diesen Zeitraum. Diese lange Frist muss genutzt werden, um das Unternehmen an den neuen Realitä-ten auszurichten und zu rekonfigurieren. Dazu gehört einerseits, das Bestandsge-schäft nicht etwa aufzugeben, sondern damit finanzielle Mittel zur Finanzierung der Adaption zu erwirtschaften. Andererseits müssen die Struktur, die Kultur und die Identität des Unternehmens rekonfiguriert werden, sodass diese ein neues Fundament für das adaptierte Unternehmen der Zukunft bilden. Diese Transforming-Aktivitäten begleiten das Unternehmen kontinuierlich über den gesamten Adaptionsprozess.

Standortbestimmung Transforming

Bewerten Sie mit der Vorlage zum Download den Fortschritt der Adaption Ihres Unternehmens an den radikalen Wandel im Bereich Transforming. Beurteilen Sie dafür mittels Harvey Balls, wie sehr die einzelnen Teilergebnisse bereits vorliegen auf der Skala von „vollständig umgesetzt" (Kreis voll ausgefüllt) bis „Aktivität noch nicht gestartet" (Kreis nicht ausgefüllt). Formulieren Sie dann die nächsten Schritte und Aufgaben für die weitere Umsetzung in den einzelnen Bereichen.

Vorlage zum Download: *plus.hanser-fachbuch.de*

Transforming
Ausrichten und Rekonfigurieren des Unternehmens an die neuen Realitäten

Operatives Know-how und reale Erfahrungen in den neuen Geschäftsfeldern machen wir allen zugänglich.	◯	
Strukturell rückläufiges Bestandsgeschäft managen wir unter einem strikten Gebot der Cashflow-Optimierung.	◯	
Nicht-strategische Assets veräußern wir systematisch, wenn es attraktive Marktpreise dafür gibt.	◯	
Bestandsgeschäft und neues Geschäft sind in separaten Organisationseinheiten strukturell getrennt.	◯	
Unsere Unternehmenskultur wird durch Nutzung Historie und Identität reinterpretiert.	◯	
Wir iterieren zwischen Sensing, Seizing und Transforming, bis die besten Lösungen gefunden sind.	◯	

Indizieren Sie mit den Harvey Balls den Entwicklungsstand Ihres Unternehmens.

Formulieren Sie die nächsten Schritte und Aufgaben für die weitere Umsetzung

13 Sammle und verbreite neues Wissen

- Konkretes operatives Know-how und reale Erfahrungen, wie das neue Geschäft im radikalen Wandel wirklich funktioniert, werden zu einer erfolgskritischen Komponente in der Adaption des etablierten Unternehmens.
- Zur erfolgreichen Ausrichtung und Rekonfiguration des Unternehmens muss daher dieses neue Wissen kontinuierlich über verschiedene Quellen gesammelt werden.
- Dieser laufend aktualisierte Wissensstand muss dann allen Mitarbeitern systematisch zugänglich gemacht werden.

Mit der Adaption an den radikalen Wandel dringt ein etabliertes Unternehmen in neue Geschäftsfelder vor, die das Management und die Mitarbeiter des Unternehmens vorher nicht oder nur von außen kannten. Üblicherweise handelt es sich gar um entstehende Wachstumsmärkte, die auch für alle anderen Marktteilnehmer komplett neu und damit unbekannt sind. In diesem Zusammenhang ist es sehr wichtig, sich möglichst zügig umfassendes Wissen zu diesem neuen Geschäft aneignen zu können. Ein Wissensvorsprung kann zu einem strategischen Wettbewerbsvorteil werden, umgekehrt kann ein Mangel an nötigem Wissen die Adaption in Gänze gefährden.

Durch die bisher beschriebenen Aktivitäten wurde ein Verständnis über den radikalen Wandel entwickelt und wurden die sich daraus ergebenden Opportunitäten erschlossen. Dabei wurde zwar bereits einiges an Wissen zu den neuen Realitäten akquiriert. Doch dieses ist unvollständig. Hauptsächlich wurde mit den bisherigen Aktivitäten Wissen auf einer strategischen Ebene gesammelt. Es fehlen noch konkretes operatives Know-how und reale Erfahrungen, wie das neue Geschäft wirklich funktioniert. Hinzu kommt, dass die Entwicklungen im radikalen Wandel dynamisch sind. Vieles ergibt sich erst über den Verlauf der Zeit. Man kann nicht zu einem bestimmten Stichtag das erforderliche Wissen gesammelt haben und damit bis in alle Ewigkeit arbeiten. Vielmehr geht es darum, laufend neue Erkenntnisse über das entstehende neue Geschäft zu gewinnen. Und schließlich ist es außerdem problematisch, dass das bisher akquirierte Wissen nur bei verschiedenen Einzelpersonen vorhanden und über die Organisation zerstreut ist. Es fehlt ein unternehmensweites Verständnis der Herausforderungen und Funktionsweisen des neuen Geschäfts.

 Während des Adaptionsprozesses werden operatives Know-how und reale Erfahrungen von Einzelpersonen im Unternehmen gesammelt. Dieses Wissen wird systematisch erfasst und für alle Mitarbeiter im Unternehmen bereitgestellt.

Damit sich aber das etablierte Unternehmen rekonfigurieren und an den neuen Realitäten ausrichten kann, müssen das entscheidende Know-how und die prägenden Erfahrungen laufend gesammelt und dann auch in der Organisation verbreitet werden. Der Bedarf für das Wissensmanagement im radikalen Wandel unterscheidet sich dabei wesentlich von einem normalen Umfeld. Dort hat sich nämlich nicht nur in bestimmten Unternehmen, sondern in ganzen Branchen ein gemeinsames Verständnis herausgebildet, wie das Geschäft in seinen Grundsätzen funktioniert und gemanagt werden soll. Man hat eine gemeinsame Sprache, schätzt Situationen ähnlich ein, kennt die gleichen Fakten und kommt oft zu den gleichen Schlussfolgerungen, was die Steuerung des Unternehmens betrifft. Das zeigt sich etwa, wenn ein neuer Mitarbeiter mit umfassender Bestandsgeschäftserfahrung ins Unternehmen eintritt. Mit diesem neuen Kollegen kann man geradeswegs mit einem nahezu gleichen Wissensstand über das Geschäft sprechen. In einem Umfeld des radikalen Wandels hingegen muss dieses gemeinsame Verständnis jedoch erst erarbeitet werden. Dabei haben sich die in Bild 13.1 dargestellten Quellen bewährt. Diese sind im Folgenden genauer ausgeführt.

Bild 13.1 Quellen zum Sammeln neuen Wissens

■ 13.1 Lernen aus ersten Erfahrungen

Das erforderliche Wissen für das Wirtschaften im Bestandsgeschäft hat sich über viele Jahre entwickelt. Es ist sowohl in internen Handbüchern und Regularien festgehalten als auch in den Lehrbüchern der Branche niedergeschrieben. So wird dieses Wissen über die Berufsbildung von Generation zu Generation weitergegeben. In Perioden von radikalem Wandel wird dieses Wissen von neuen Erkenntnissen überholt. Das erforderliche Wissen für die neuen entstehenden Wachstumsmärkte steht noch in keinen Lehrbüchern. Dieses Wissen muss erst noch erschaffen werden.

Die erste und vermutlich wichtigste Quelle für die Erschaffung von neuem Wissen über das neue Geschäft in einem entstehenden Wachstumsmarkt ist das Sammeln von Erfahrungen im echten operativen Geschäft. Durch das erfolgte Erschließen und Investieren in neue Opportunitäten, Technologien, Kundenlösungen und Geschäftsmodelle ist das etablierte Unternehmen ja bereits tätig in diesem neuen Geschäft und kann daher laufend Erfahrungen sammeln. Diese Erfahrungen sind das Futter für die Erschaffung von neuem Wissen – und letztendlich für die neuen Lehrbücher.

Die verschiedenen Erfahrungen im neuen Geschäft sind aber erst einmal Rohdaten. Damit sie für die weitere Entwicklung genutzt werden können, müssen sie von den involvierten Führungskräften und Mitarbeitern sauber reflektiert werden. Was funktioniert gut, was funktioniert schlecht? Welche Reaktionen lösen wir bei Kunden und sonstigen Stakeholdern aus? Welche Probleme müssen wir lösen? Wo haben wir Stärken, wo haben wir Schwächen? Wie können wir etwas besser organisieren? Was können andere besser als wir und wieso? Durch die Reflexion der eigenen Erfahrungen im neuen Geschäft mit solchen Fragestellungen wird Wissen geschaffen und man kann das Geschäft sukzessive weiterentwickeln.

■ 13.2 Lernen aus Misserfolgen

Beim Erschließen neuer Geschäftsfelder kommt es zwangsläufig zu kleineren und auch größeren Misserfolgen: Das neue Produkt oder die neue Dienstleistung schlagen im Markt einfach nicht an. Man hat auf die falsche Zielgruppe gesetzt. Der Wettbewerber war viel früher auf dem Markt und hat einen wesentlichen Vorteil durch seine erlangte Marktführerposition. Man hat das Marktpotenzial zu groß eingeschätzt. Die entscheidenden Talente auf dem Arbeitsmarkt können nicht akquiriert werden. Die eigene Technologie funktioniert nicht verlässlich. Strategische Partner haben ihren Beitrag nicht geleistet. Beim Erschließen neuer Geschäftsfelder können unzählige Dinge schiefgehen. Das gehört dazu.

Misserfolge sollten vermieden werden. Die Ressourcen sind nicht grenzenlos vorhanden und jeder Cent wird dringend für eine erfolgreiche Adaption benötigt. Hinzu kommt der Zeitdruck. Im radikalen Wandel gibt es ein begrenztes Zeitfenster, in dem eine Adaption möglich ist. Wenn diese Zeit abgelaufen ist, ist wohl auch die Zeit des etablierten Unternehmens abgelaufen. Wenn sich aber trotz aller Mühen und Vorkehrungen Misserfolge einstellen, müssen daraus die richtigen Schlüsse gezogen werden. Auch die Erfahrungen von Misserfolgen sind entscheidende Quellen, um wertvolles Wissen zu schaffen. Das Unternehmen braucht dafür eine aufgeschlossene Fehlerkultur. Es muss offen über die Fehler gesprochen werden dürfen. Die Verantwortlichen dürfen nicht dämonisiert werden. Sie sind durch ihre Erfahrungen wichtige Wissensträger und damit trotz vergangener Misserfolge sehr wohl geeignet, weitere strategische Initiativen zur Adaption zu verantworten.

■ 13.3 Lernen von neuen Mitarbeitern

Neue Mitarbeiter bringen beim Aufbau und bei der Weiterentwicklung von neuen Geschäftsfeldern frische wertvolle Impulse ins Unternehmen. Sie haben den radikalen Wandel bisher von einer anderen Warte aus erlebt und beobachtet. Vielleicht haben sie auch umfassendere oder schlicht anders gelagerte Erfahrungen als die bestehenden Mitarbeiter. Daraus sind andere Interpretationen und Konzepte entstanden. Wenn ein neuer Mitarbeiter dann von außen ins Unternehmen eintritt, prallen diese unterschiedlichen Vorstellungen aufeinander. Die daraus entstehenden Diskussionen sind sehr wertvoll. In diesem Austausch sollen weder der neue Mitarbeiter noch die bestehenden Mitarbeiter ihre jeweiligen Meinungen durchdrücken. Vielmehr geht es darum, dank dem Austausch einen neuen Blick auf die Sachlage zu werfen und auf dieser Basis das Geschäft weiterzuentwickeln.

Die Rolle eines neuen Mitarbeiters soll es deshalb sein, die bestehenden Konventionen im Unternehmen kritisch zu hinterfragen oder gar zu durchbrechen. Das Management muss sicherstellen, dass dies auf eine konstruktive Art und Weise geschieht und keinesfalls unterdrückt wird, sei es seitens des neuen Mitarbeiters oder seitens der bestehenden Mitarbeiter. Umgekehrt darf nicht alles, was von außen kommt, für bare Münze genommen werden. Das geschieht insbesondere dann, wenn der neue Mitarbeiter von einem erfolgreicheren oder bekannteren Unternehmen kommt. Nur weil der Absender attraktiv ist, muss der Inhalt nicht stimmen. Außerdem müssen immer auch die unterschiedlichen Umstände berücksichtigt werden. Beispielsweise kann und muss ein Start-up zwangsläufig anders denken und handeln als ein etabliertes Unternehmen. Beide Unternehmenstypen können spezifische Vorteile ausnutzen und haben auch spezifische Nachteile. Ein neuer Mitarbeiter, der vorher bei einem Start-up war, kann daher nicht alle Erfahrungen einfach eins zu eins auf das etablierte Unternehmen übertragen.

 Vom Erfolgsfaktor zum Stolperstein: Dominant Logic im radikalen Wandel

Als *Dominant Logic* bezeichnet man in der wissenschaftlichen Literatur die von einem Managementteam gemeinschaftlich geteilte Logik, wie das eigene Geschäft funktioniert und wie strategische Entscheidungen zu fällen sind. Dazu gehören strategische Entscheidungen hinsichtlich Technologie, Produktentwicklung, Distribution, Marketing und Werbung oder auch hinsichtlich der Personalentwicklung. Diese Logik ist im Prinzip das eigentliche Erfolgsrezept eines Unternehmens. Sie erlaubt, sogenannte Informationsfilter anzuwenden. Damit können aus einem großen und unsortierten Informationsfluss die relevanten Fakten herausgezogen und so schnelle und richtige Entscheidungen gefällt werden.

Problematisch ist jedoch, dass die vorhandene dominante Logik auf dem Wissen und den Erfahrungen der Vergangenheit beruht. In Perioden von radikalem Wandel sind diese Vergangenheitswerte nicht mehr aktuell. Somit wird aus dem Erfolgsfaktor *Dominant Logic* ein Stolperstein. Das führt dazu, dass das Management mit Scheuklappen auf sein Geschäftsumfeld und das eigene Unternehmen schaut. Dadurch erkennt es nicht mehr relevante Fakten in einem veränderten Umfeld und trifft die falschen strategischen Entscheidungen.

Quellen: Prahalad, Bettis 1986; Bettis, Prahalad 1995; Krogh, Erat, Macus 2000; Prahalad 2004

■ 13.4 Lernen durch Weiterbildung

Ein umfassendes Angebot an verschiedenen Möglichkeiten der Weiterbildung gehört in den meisten Unternehmen zum Standard guter Fach- und Führungskräfteentwicklung. Diese bestehenden Programme und dazugehörenden Ressourcen sollten in den Dienst der Adaptation des Unternehmens gestellt werden. Was heißt das? Statt die Weiterbildungen nur an den individuellen Bedürfnissen der Personen zu orientieren, sollten diese an den Bedarfen des Unternehmens hinsichtlich der Gewinnung von neuem Wissen ausgerichtet werden. Die möglichen Weiterbildungsangebote werden dabei so ausgewählt, wie sie den Wissensstand des Unternehmens bereichern, indem sie vom Mitarbeiter besucht werden. Die Anforderungen des Mitarbeiters und die des Unternehmens stehen bei diesem Ansatz kaum in einem Konflikt. Denn es geht ja darum, Wissen über die neuen Realitäten angesichts des radikalen Wandels aufzubauen. Solches Wissen ist sehr wertvoll, und der Mitarbeiter als Träger dieses Wissens steigert damit seinen persönlichen Marktwert.

In der operativen Umsetzung beginnt dieser Ansatz mit der richtigen Auswahl der verschiedenen Weiterbildungsangebote. Das Antrags- und Bewilligungsverfahren sollte als Schlüsselkriterium beinhalten, welcher Mehrwert hinsichtlich der Wissensakkumulation für das Unternehmen geschaffen wird. Darüber hinaus muss der Mitarbeiter vorab darlegen, wie er nach Abschluss der Weiterbildung dieses Wissen mit der Organisation teilen wird. Die verschiedenen Fragestellungen des Unternehmens sollten den Mitarbeiter auch während der Laufzeit der Weiterbildung beschäftigen. Solche Angebote haben oft eine praktische Komponente, wenn beispielsweise Vorträge gehalten oder Arbeiten geschrieben werden müssen. Hier können die konkreten Fragestellungen des in Adaption befindlichen Unternehmens herangezogen werden. Der Austausch mit den Dozenten und den anderen Teilnehmern der Weiterbildungen kann zu neuen Erkenntnissen zugunsten des Unternehmens führen. Durch ein solches Angleichen der zwei Zielsetzungen – individuelle Entwicklung des Mitarbeiters einerseits und Erkenntnisgewinnung für das Unternehmen andererseits – wird der Mehrwert von Weiterbildungsprogrammen mit gleichem Ressourceneinsatz erhöht.

 Die Auswahl der Weiterbildungsangebote für Mitarbeiter wird an dem Bedarf des Unternehmens nach Wissensakkumulation ausgerichtet. Davon profitieren dann sowohl der Mitarbeiter als auch das Unternehmen.

■ 13.5 Lernen von externen Beratern

Externe Berater sind wertvolle Wissensträger. Weil sie durch ihre Tätigkeit zwangsläufig in unterschiedlichsten Unternehmen umfassende Einblicke haben, können sie alle möglichen Einschätzungen, Erkenntnisse und Interpretationen aufsaugen und sich daraus ein gefestigtes Gesamtbild über die Situation verschaffen. Daher ist der Austausch mit Beratern sehr wertvoll. Jedoch gilt auch hier: Nicht alles, was der Berater sagt, muss richtig sein. Die Eindrücke des Beraters stammen von anderen Unternehmen, die sich vielleicht in einer anderen Ausgangslage befinden. So stammen die Beobachtungen beispielsweise aus einem anderen Land, es handelt sich um eine andere Unternehmensgröße oder die Ausstattung an Ressourcen und Fähigkeiten ist unterschiedlich gelagert. Deshalb muss auch der Austausch mit einem Berater immer entsprechend mit der eigenen Ausgangslage reflektiert werden.

Nichtsdestotrotz sollte der Austausch mit externen Beratern gefördert werden. Dafür ist, wenn ein Beratungsprojekt im Unternehmen durchgeführt wird, ein aktives Beratermanagement nötig. Denn ein fruchtbarer Austausch entsteht nicht von alleine. Ein solcher Austausch muss entsprechend befördert werden. Dafür müssen die Berater umfassend in die bestehende Organisation integriert werden, also auch auf Arbeitsebene mit den Mitarbeitern des Unternehmens zusammenarbeiten, statt sich nur bei wichtigen Terminen mit dem Management blicken zu lassen. Hinzu kommt eine explizit artikulierte Erwartungshaltung gegenüber den Beratern, einen Wissenstransfer in die Organisation sicherzustellen. Das muss Teil der Aufgabenstellung sein und regelmäßig eingefordert werden.

Nun wurden die wichtigsten Quellen zum Sammeln von neuem Wissen als Basis für die erfolgreiche Ausrichtung und Rekonfiguration des Unternehmens dargestellt. Damit ist dieses Wissen aber erst in einigen wenigen Köpfen vorhanden. Es ist verteilt auf Einzelpersonen und über das gesamte Unternehmen verstreut. Das neu erlangte Wissen muss deshalb allen Mitarbeitern systematisch zugänglich gemacht werden. Alle sollen verstehen können, in welche Richtung die Reise geht, sodass auch jeder in seinen Verantwortungsbereichen entsprechende, auch noch so kleine Anpassungen vornehmen kann.

Zur Verbreitung dieses Wissens gibt es verschiedene Formate. Diese sollten immer so gewählt werden, dass sie zum Inhalt und zum Absender passen. Wenn also beispielsweise ein Mitarbeiter eine Weiterbildung absolviert hat und im Zuge dessen eine Arbeit zu einer konkreten Fragestellung des Unternehmens geschrieben hat, macht es Sinn, wenn dieser Mitarbeiter seine Ergebnisse entsprechend bei einer Veranstaltung präsentiert. Anders ist dies etwa bei Erfahrungen von ganzen Teams. Dort macht es vielleicht Sinn, eine Sammlung von Best Practices im Intranet zu publizieren. So muss je nachdem eine passende Kommunikation gefunden werden. Bild 13.2 zeigt eine Übersicht von verschiedenen Formaten zur Verbreitung des gesammelten Wissens. Die Verbreitung dieses Wissens darf keine Einmalaktion sein, sondern sie muss laufend und systematisch durchgeführt werden. So wie das erforderliche Wissen laufend aktualisiert werden muss, erfolgt auch dessen Verbreitung.

Blog / Vlog	Neue Erkenntnisse zu einem spezifischen Thema oder einer Frage- stellung werden regelmäßig im Intranet des Unternehmens publiziert
Präsentationen	Spezifisches Thema (z. B. eine Best Practice) wird als interne Veranstaltung gegenüber den Mitarbeitern präsentiert
Diskussionspanels	Unterschiedliche Meinungen und Interpretationen zu einem Thema werden durch ein Panel von involvierten Personen vor Publikum diskutiert
Expertengruppen	Fachliche Querschnittsthemen werden von Fachexperten aus unterschiedlichen Organisationseinheiten auf Arbeitsebene erörtert
Job Rotation	Insbesondere Führungskräfte, aber auch Fachkräfte rotieren zwischen Organisationseinheiten und können so Wissen verbreiten
Networking	Interner Austausch zu den verschiedenen Fragestellungen wird an eigens dafür einberufenen Networking-Terminen gefördert

Bild 13.2 Formate zur Verbreitung von erforderlichem Wissen

14 Profitabilisiere das Bestandsgeschäft

- Die strategische Aufgabe des Bestandsgeschäfts ist es, möglichst viele finanzielle Mittel zu erwirtschaften, um damit die Adaption zu finanzieren.
- Solange das strukturell rückläufige Bestandsgeschäft noch existiert, wird es daher unter ein striktes Gebot der Cashflow-Optimierung gestellt.
- Hebel dafür sind: kontinuierliche Preiserhöhungen, proaktive Senkung der Betriebskosten und die Limitierung der Ersatzinvestitionen.

Bei der Adaption an den radikalen Wandel geht es im Endeffekt darum, das strukturell rückläufige Bestandsgeschäft durch neues, attraktiveres Geschäft zu ersetzen, sodass die langfristige Existenz des Unternehmens gesichert wird. Diese Umstrukturierung des Geschäftsportfolios geschieht jedoch nicht über Nacht. Vielmehr verläuft der gesamte Adaptionsprozess typischerweise über einen sehr langen Zeitraum von mehreren Jahren, manchmal sogar Jahrzehnten. Zu Beginn dieses langen Zeitraums besteht nahezu das gesamte Geschäftsportfolio eines etablierten Unternehmens aus Bestandsgeschäft. Erst im Laufe der Zeit, wenn die strategischen Initiativen zur Adaption anfangen zu wirken, wird das Bestandsgeschäft Stück für Stück durch neues Geschäft abgelöst.

Entsprechend bleibt das Bestandsgeschäft in dieser ersten Phase des Adaptionsprozesses der Hauptertragsbringer des Unternehmens. Es wäre daher falsch, das Bestandsgeschäft als strategisch irrelevant abzutun und sogar verfrüht aufzugeben – selbst wenn man zur Erkenntnis gekommen ist, dass dieses Geschäfts einmal nicht mehr existieren wird. Stattdessen kommt dem Bestandsgeschäft in der Adaption eine wesentliche strategische Rolle zu: Das Bestandsgeschäft muss in der verbleibenden Zeit möglichst viel Cashflow erwirtschaften, um damit die strategischen Initiativen zur Adaption zu finanzieren.

Das Bestandsgeschäft wird also unter ein Gebot der strikten Cashflow-Optimierung gestellt. Wieso gerade Cashflow? Man akzeptiert bewusst, dass das Bestandsgeschäft ein Ablaufdatum hat. Es geht daher nicht um den Aufbau oder die Weiterentwicklung des Geschäfts für die Zukunft, sondern darum, innerhalb der noch verbleibenden Zeit möglichst viel finanzielle Mittel zu generieren, die in das neue

Geschäft investiert werden können. Aus diesem Grund wären Investitionen bei-spielsweise in Forschung und Entwicklung oder Marketing mit einem Effekt erst weit in der Zukunft falsch. Gleiches gilt für Investitionen in Hardware. Diese wer-den ausnahmslos eingestellt. Daher muss dieses Geschäft statt nach Umsatz- oder Gewinnsteigerung strikt nach Cashflow geführt werden.

 Das rückläufige Bestandsgeschäft hat eine wichtige strategische Aufgabe: Solange es noch existiert, erwirtschaftet es möglichst viele finanzielle Mittel, um damit die Adaption an den radikalen Wandel zu finanzieren.

Dieser Ansatz ist hart und unerbittlich. Doch er erfolgt zugunsten von neuem Ge-schäft, was die Existenz des Unternehmens und damit beispielsweise auch die Existenz von Arbeitsplätzen langfristig sichern wird. In diesem Sinne muss hier eine strikte Kategorisierung in Bestandsgeschäft ohne Überlebenschancen einer-seits und Ressourcen und Fähigkeiten mit einem konkreten Verwendungszweck in entstehenden Wachstumsmärkten andererseits vorgenommen werden. Nur die erste Kategorie wird unter das Gebot der strikten Cashflow-Optimierung gestellt.

Eine solche Kategorisierung ist nicht trivial (nebst damit verbundenen emotionalen Hürden). Oft beinhaltet das Bestandsgeschäft Ressourcen und Fähigkeiten, die auch in den neuen Realitäten wertvoll sind (siehe Kapitel 2). Ein häufiges Beispiel sind etwa Marken. Sie genießen meist einen hohen Bekanntheitsgrad und ein positives Image. So eine wertvolle Ressource möchte man gerne in die neuen Geschäftsfel-der übertragen. Entsprechend müssen also Maßnahmen ergriffen werden, um sol-che Ressourcen und Fähigkeiten in die Zukunft zu retten, auch wenn parallel das damit verbundene Bestandsgeschäft mit Ansage vom Markt verschwinden wird.

Das Ziel ist es also, mit dem noch existierenden Bestandsgeschäft in der verblei-benden Zeit möglichst hohe Cashflows zu generieren, um damit die Adaption des Unternehmens zu finanzieren. Die wesentlichen Hebel dafür sind in Bild 14.1 ab-gebildet. In Buchhaltung oder Controlling versierte Personen werden sofort erken-nen, dass es sich hierbei um eine Abwandlung des Berechnungsmodells für den Free Cash Flow handelt. Nebst Vereinfachungen wie das Weglassen von den Kenn-größen wie Working Capital, Steuern und Zinsen, wurde das Modell insbesondere auf drei relevante Hebel fokussiert, die im Folgenden genauer beschrieben wer-den. Ein weiterer Hebel zu Generierung von Cashflow, die Desinvestition, wird in Kapitel 15 behandelt.

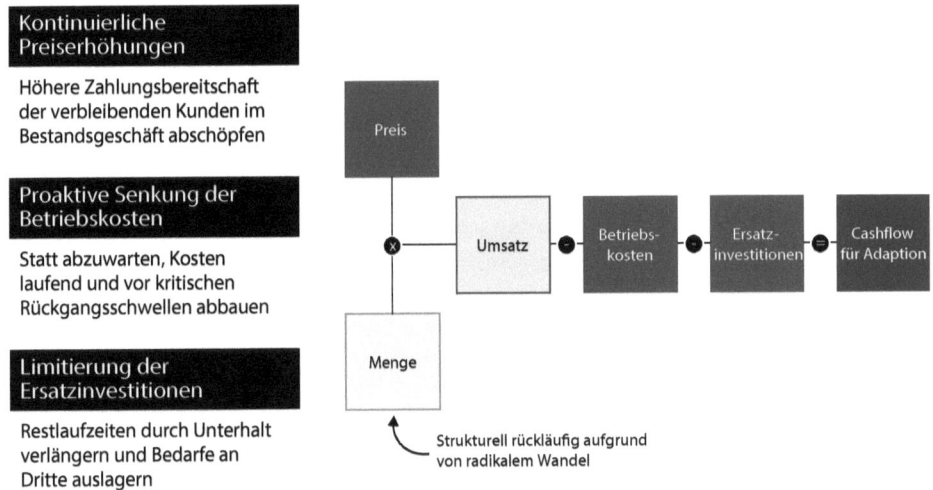

Bild 14.1 Hebel zur Profitabilisierung des Bestandsgeschäfts

■ 14.1 Kontinuierliche Preiserhöhungen

Es scheint auf den ersten Blick paradox. Wieso sollte man in einem rückläufigen Markt die Preise erhöhen? Die herkömmliche ökonomische Theorie besagt ja eigentlich, dass der Absatz eines Produkts oder einer Dienstleistung aufgrund der unterschiedlichen Zahlungsbereitschaften der Konsumenten mit zunehmendem Preis abnimmt und mit sinkendem Preis zunimmt. In Perioden des radikalen Wandels ist das aber anders. Der Markt ist dann rückläufig, weil die Nachfrage aufgrund eines externen Einflusses, etwa einer technologischen Innovation, die ein Ersatzprodukt hervorbringt, abnimmt. Beispielsweise Pferdekutschen wurden nicht etwa nicht mehr verkauft, weil sie zu teuer waren, sondern weil das Ersatzprodukt Automobil den Markt dafür hinfällig gemacht hat.

Es wird also nicht möglich sein, das Bestandsgeschäft zu retten, indem man die Preise senkt. Andererseits ist der entsprechende Markt zwar rückläufig, doch bleibt er in der Regel noch für eine Weile bestehen. Die vorerst verbleibenden Kunden auf diesem Markt wissen also das Produkt oder die Dienstleistung weiter zu schätzen oder etwas anderes hält sie davon ab, ihr Bedürfnis im neuen entstehenden Wachstumsmarkt zu befriedigen. Das kann verschiedene Gründe haben. Entweder ist das einfach die persönliche Präferenz oder Gewohnheit. Genauso kann Unwissen oder Trägheit der Kunden zu einem Verbleib führen. Andere Kunden sind vielleicht aufgrund eines Lock-in-Effekts zum Verbleib gezwungen, z. B. weil es sich um Ersatzteile einer größeren Anlage handelt.

Aufgrund dieser Sachlage ist es möglich, die Preise für diese verbleibenden Kunden zu erhöhen, ohne dass dies zu einer massiv höheren Abwanderung führt. Diese Maßnahme muss vorsichtig vorgenommen werden. Übermäßige Preiserhöhungen würden selbst bei diesen Kunden zu einem Umdenken führen. Daher ist es sinnvoll, die Preise nicht einmalig, sondern kontinuierlich zu erhöhen. Durch den radikalen Wandel wird sowieso ein Teil der Kundschaft Schritt für Schritt abwandern. Mit jedem dieser Schritte werden jeweils jene Kunden mit marginal höherer Preissensibilität aussortiert und es verbleiben dann die Kunden, die jeweils zu einem höheren Grad aufgrund der genannten Gründe nicht abwandern. Entsprechend werden die Preise immer weiter angehoben. Somit können die Umsätze im rückläufigen Bestandsgeschäft, solange dieses noch existent ist, halbwegs stabilisiert werden.

 Preiserhöhungen in strukturell rückläufigen Märkten

Der Ansatz, mit Preiserhöhungen rückläufige Mengen zumindest teilweise zu kompensieren, ist in verschiedenen Branchen zu beobachten:

- Der deutsche Zeitungsmarkt ist durch die Verlagerung des Nachrichtenkonsums ins Internet seit der Jahrtausendwende von radikalem Wandel betroffen. In den letzten zehn Jahren (2011 – 2021) ist die Auflage (Menge) jedes Jahr um durchschnittlich 4,5 % eingebrochen. Trotzdem konnte die Branche in diesem Zeitraum ihre Vertriebserlöse konstant halten, ja sogar leicht um 0,7 % pro Jahr steigern. Dies gelang durch kontinuierliche Preiserhöhungen. Nahezu jedes Jahr wurde der Abopreis der Zeitungen erhöht. Das durchschnittliche Monatsabo kostete im Jahr 2011 noch 25,34 Euro, zehn Jahre später lag dieser Wert bei 40,93 Euro. So konnten viele Zeitungsverlage Cashflows erwirtschaften, um damit die Adaption an das digitale Zeitalter zu finanzieren. (Nebst Vertriebserlösen erzielt ein Zeitungsverlag auch Werbeerlöse. Diese sind in dem Zeitraum deutlich um 8,3 % pro Jahr gesunken.)
- Die deutsche Telekommunikationsbranche hat sich seit der Liberalisierung des Marktes 1998 radikal verändert. Neue Wettbewerber konkurrieren mit ehemaligen staatlichen Monopolisten und der Markt bewegt sich hin zu Mobilfunk, digitalen Festnetzanschlüssen und Internetanschlüssen. Nichtsdestotrotz sind in dieser Zeit einige analoge Festnetzanschlüsse übrig geblieben. Nach Wunsch funktionieren diese Anschlüsse auch noch mit den alten Telefongeräten mit Wählscheibe. Im Jahr 2006 gab es in Deutschland noch 38 Millionen solcher analogen Festnetzanschlüsse. Die Anzahl ist bis ins Jahr 2022 auf 100 000 eingebrochen. Während in dieser Zeit die Preise für reguläre Telekommunikationsdienstleistungen jährlich zwischen 1 % und 3 % gesunken sind, konnte die *Deutsche Telekom* die Preise für die analogen Anschlüsse konstant halten, 2022 erfolgte eine Preiserhöhung.
- Ähnlich ist die Entwicklung bei der Briefpost. Den Höhepunkt seiner Geschichte erreichte der deutsche Briefpostmarkt im Jahr 2007 mit 17,7 Milliarden Briefsendungen. Seither ist der Markt strukturell rückläufig. Im Jahr 2021 wurden noch 12,0 Milliarden Briefe versendet. Das ist ein Rückgang von 2,7 % pro Jahr.

Trotzdem ist der Umsatz der Anbieter in diesem Zeitraum nur um 1,7 % gesunken. Dies gelang durch entsprechende Preiserhöhungen. Der Marktführer *Deutsche Post* etwa hat den Preis für einen Standardbrief von 55 auf 85 Cent erhöht.

Quellen: BDZV 2012; Bundesnetzagentur 2013; BDZV 2022; Bültermann 2022; Bundesnetzagentur 2022; Keller 2022; Tenzer 2022a; Tenzer 2022b

■ 14.2 Proaktive Senkung der Betriebskosten

Aktives Kostenmanagement gehört auch in normalen Zeiten ohne radikalen Wandel zu guter Unternehmensführung. Doch durch den radikalen Wandel ändert sich die Situation für das Bestandsgeschäft wesentlich. Normalerweise würde man vermeiden, dort Kosten zu senken, wo die zukünftige Prosperität des Unternehmens betroffen ist. Nun geht man aber davon aus, dass das als solches kategorisierte Bestandsgeschäft ein Ablaufdatum hat und danach nicht mehr existieren wird. Valide Ausgaben für die Zukunft in diesem rückläufigen Markt gibt es also gar nicht.

Die Aufgabenstellung ist es also, mit konsequentem Blick auf das erwartete Ablaufdatum die Kostenstruktur neu zu bewerten. Entsprechend angewendet wird dabei massives Kosteneinsparpotenzial identifiziert, denn viele Tätigkeiten machen zwar unter einer Fortführungsprämisse Sinn, sind aber für den abgeschätzten restlichen Zeithorizont des Geschäfts nicht mehr nötig. Alles was mit Forschung und Entwicklung zu tun hat, sei es in spezifischen Abteilungen oder über das Unternehmen verstreut, kann nahezu vollständig eingestellt werden. Marketingmaßnahmen müssen auf ihre Zielsetzung überprüft werden. Abverkaufsmaßnahmen mit messbaren Umsatzzielen innerhalb des Ablaufdatums sind absolut sinnvoll. Hingegen müssen Maßnahmen zum langfristigen Markenaufbau wie Imagewerbung sehr kritisch hinterfragt werden. Und so gibt es wohl unzählige Bereiche, in denen mithilfe eines Perspektivenwechsels hin zum erwarteten Ablaufdatum plötzlich ganz neue Möglichkeiten zur Kosteneinsparung gefunden werden.

Auch hier sollten die Maßnahmen Schritt für Schritt erfolgen. Der Rückgang des Geschäfts wird zwangsläufig immer weitere Kosteneinsparungen verlangen sowie auch möglich machen, da durch ein geringeres Verkaufsvolumen auch manche Leistungen nicht mehr erbracht werden müssen. Diese verschiedenen Kosteneinsparprogramme sollten proaktiv aufgelegt werden. Man soll also nicht abwarten, bis die nächste kritische Schwelle beim Rückgang des Geschäfts erreicht ist und dann erst handeln. Sondern man weiß ja dank einer sauberen Analyse des Geschäftsumfelds, dass dies sowieso passieren wird. Entsprechend kann man frühzeitig handeln, sodass die Kosten vor dem Umsatz sinken. Im Zweifel und insbesondere gegen Ende dieses Prozesses können beim Kostensenken auch leichte Qualitäts-einbußen und Leistungseinschränkungen bewusst in Kauf genommen werden.

■ 14.3 Limitierung der Ersatzinvestitionen

Investitionen in Sachanlagen wie beispielsweise IT, Maschinen oder ganzen Anlagen haben üblicherweise eine Lebensdauer von vielen Jahren. Das steht meist in einem direkten Konflikt mit dem abgeschätzten Ablaufdatum vom Bestandsgeschäft. Angenommen man rechnet noch mit grob acht Jahren existierendem Bestandsgeschäft, investiert dafür aber in eine neue Produktionsanlage mit einer erwarteten Lebensdauer von über 20 Jahren, würde man offenkundig eine Fehlinvestition tätigen. Daher sind analog zu den Betriebskosten alle Investitionen mit einem konsequenten Blick auf das erwartete Ablaufdatum zu bewerten. Dass es sich bei Investitionen in einem strukturell rückläufigen Geschäft nur um Ersatzinvestitionen und keine Neuinvestitionen handeln darf, versteht sich von selbst.

Zur Limitierung der nötigen Ersatzinvestitionen gibt es zwei wesentliche Verteidigungslinien. Erstens stehen Ersatzinvestitionen immer in einem Verhältnis mit Ausgaben für Unterhalt und Reparaturen. Unter einer Fortführungsprämisse bringt man gerne einmal das Argument ins Spiel, eine Ersatzinvestition würde sich wegen geringerer Ausgaben für Unterhalt und Reparatur über die Jahre rechnen. Dieses Argument entkräftet sich bei einem Bestandsgeschäft mit Ablaufdatum. Hier macht es umgekehrt meist Sinn, die alten Maschinen dank gutem Unterhalt und, wo nötig, Reparaturen so lange wie möglich noch laufen zu lassen.

Wenn dies nicht mehr möglich ist oder zu teuer wird, kommt die zweite Verteidigungslinie zum Tragen. Dabei wird Leistung an Dritte ausgelagert. In einem Umfeld rückläufiger Märkte müssten vielerorts freie Kapazitäten vorhanden sein, weil ja auch alle Wettbewerber vom rückläufigen Markt betroffen sind. Entsprechend können die Bedarfe an diese Wettbewerber ausgelagert werden. In vielen Fällen ist dies sogar mit deutlich tieferen Kosten möglich, weil die Auslastung der Kapazitäten bei den Wettbewerbern hoch willkommen und jeder Euro über den Grenzkosten zusätzlicher Verdienst ist. Außerdem bedeutet die Auslagerung von Wertschöpfung an Dritte ein Zugewinn von Flexibilität. Ein späterer Ausstieg aus dem Bestandsgeschäft ist dann ohne Remanenzkosten (verbleibende Kosten nach Ausstieg, z. B. restliche Abschreibungen, laufende Mietverträge) möglich.

Abschließend stellt sich die Frage, ob mit diesen harten Maßnahmen nicht das Ende von rückläufigem Bestandsgeschäft vom Unternehmen selbst erzeugt oder zumindest beschleunigt wird. Wenn die Preise ständig angehoben werden und parallel durch Kostensenkungen auch noch die Leistung verschlechtert wird, beflügelt das doch den Rückgang des Geschäfts. Wird durch das hier propagierte aktive Management des Rückgangs des Bestandsgeschäfts nicht eine sich selbst erfüllende Prophezeiung?

> Beim Profitabilisieren des Bestandsgeschäfts wird die Balance gehalten zwischen harten Maßnahmen einerseits, um möglichst viel aus dem Bestandsgeschäft herauszuholen, und anderseits, um damit jedoch nicht eine Beschleunigung des Niedergangs zu provozieren.

Das ist ein legitimer Einwand. Die Kunst bei dem Vorgehen ist, eine sinnvolle Balance zu halten. Dabei gibt es verschiedene Orientierungspunkte. Erstens ist anzuerkennen, dass die Märkte in jedem Fall rückläufig sind, auch wenn auf die erwähnten Maßnahmen gänzlich verzichtet werden würde. Die Kraft des radikalen Wandels ist weder von einem einzelnen Unternehmen noch durch vereinte Kräfte zu verhindern. Ein zweiter Orientierungspunkt ist die Performance der Wettbewerber, die nur zögerlich Maßnahmen ergreifen. Ist dort der Rückgang tatsächlich geringer, als wenn man Maßnahmen ergreift? Der Blick auf diese Zahlen zeigt, wo man selbst einen Rückgang auslöst und wo dieser durch den Markt gegeben ist. Die Maßnahmen müssen in diesen Zusammenhängen ausbalanciert werden.

15 Veräußere nicht-strategische Assets

- Manche Assets verlieren ihre strategische Relevanz für das Unternehmen, haben aber für alternative Eigentümer und Nutzungen noch einen Wert.
- Solche nicht-strategischen Assets müssen veräußert werden, um weitere finanzielle Mittel zur Finanzierung der Adaption zu gewinnen.
- Der richtige Zeitpunkt für die Veräußerung ist gegeben, wenn ein möglicher Kaufpreis höher liegt als die in Eigenregie realisierbaren Cashflows.

Jedes etablierte Unternehmen besitzt eine Reihe von unterschiedlichen Assets, mit denen es seine wirtschaftlichen Tätigkeiten bestreitet. Dazu gehören Vermögenswerte wie Sachanlagen, Beteiligungen oder auch immaterielle Anlagen. Als strategisch werden diese Assets dann klassifiziert, wenn sie einem Unternehmen die Möglichkeit verleihen, damit einen strategischen Wettbewerbsvorteil zu erlangen. Das sind etwa Spezialwerkzeuge und -maschinen für die Herstellung bestimmter Güter, eine exklusive Immobilie wie ein Hotel in perfekter Innenstadtlage, eine Fabrik mit seltenen Kompetenzen und skalierbaren Kapazitäten sowie wertvolle Patente und Marken.

Die Kriterien, ob ein solches Asset strategische Relevanz für das Unternehmen hat oder nicht, ändern sich durch den radikalen Wandel und die Adaption des Unternehmens. So kann sich ein Asset, das früher zentrale Bedeutung für den Erfolg des Unternehmens hatte, in Zukunft als irrelevant erweisen. Demgemäß war es beispielsweise für eine Bank früher entscheidend, ein großes Filialnetz mit repräsentativen Standorten in guter Lage zu haben. Heute kommt eine Bank dank Onlinebanking und digitalen Kommunikationsmitteln gänzlich ohne Filialen aus. Das früher entscheidende Asset, das Filialnetz, wird also irrelevant, ja sogar zur teuren Last.

Wenn ein Asset aufgrund der Veränderungen nicht mehr als strategisch klassifiziert wird, heißt das nicht zwangsläufig, dass dieses wertlos ist. Das Beispiel von Bankfilialen zeigt dies deutlich. Für die Bank haben die Filialen in der neuen, digitalen Welt zwar einen verminderten Wert, doch es handelt sich um repräsentative Immobilien in bester Lage. Ein solches Asset hat daher für Dritte sehr wohl einen

Wert. Bei Immobilien liegen mögliche alternative Eigentümer und Nutzungen meist auf der Hand. Doch darf der Blick nicht auf Immobilien beschränkt werden. Auch ein Fuhrpark, Maschinen oder Werkzeuge haben einen Wert für Dritte. Grundsätzlich gilt jedoch, je spezialisierter ein Asset ist, desto weniger Wert hat dieses für einen Dritten.

Aufgrund der verlorenen strategischen Relevanz muss das etablierte Unternehmen solche Assets an Dritte veräußern. Die damit gewonnenen finanziellen Mittel leisten einen weiteren Beitrag dazu, die Adaption an den radikalen Wandel zu finanzieren. Nebst den Maßnahmen zur Profitabilisierung des Bestandsgeschäfts (siehe Kapitel 14) sind solche Veräußerungen ein weiterer entscheidender Faktor in diesen Finanzierungsbemühungen.

 Wenn bestimmte Assets angesichts des radikalen Wandels nicht mehr geeignet sind, einen strategischen Wettbewerbsvorteil zu erlangen, werden diese veräußert, um damit finanzielle Mittel für die Adaption zu gewinnen.

Zu den möglichen nicht-strategischen Assets gehören nicht nur einzelne Sachwerte wie Immobilien. Es können ganze Geschäftsbereiche als solche klassifiziert werden. Dabei müssen diese Geschäftsbereiche zum Zeitpunkt der Beurteilung der Sinnhaftigkeit einer Veräußerung noch nicht zwingend organisatorisch abgetrennt sein. Es muss sich also nicht um konkrete Tochtergesellschaften, Beteiligungen oder klar umrissene Organisationseinheiten handeln. Vielmehr soll gesamthaft auf das Geschäftsportfolio geschaut werden, ohne sich zu sehr von den bestehenden Strukturen beirren zu lassen. Vielleicht kann man aus einer bestehenden Organisationseinheit einen veräußerbaren Teil herauslösen und den anderen Teil als auch in der Zukunft funktionierendes Geschäft weiterführen. Oder man geht sogar einen Schritt weiter, indem man um einen bestimmten Vermögensgegenstand herum ein passendes Geschäft strukturiert, das dann veräußerbar wird. So könnte man z. B. aus einer bestehenden Produktionsstätte einen in sich funktionierenden Zulieferbetrieb bauen, der künftig das eigene Unternehmen sowie auch Dritte beliefert.

Bei der Veräußerung von nicht-strategischen Assets geht es also darum, sowohl Einzelwerte als auch ganze Geschäftsbereiche, die aufgrund des radikalen Wandels nicht mehr funktionieren, an Dritte zu veräußern. Nun stellt sich die Frage, wieso ein Dritter ein solches Asset überhaupt kaufen soll, wenn der Verkäufer selbst keine Zukunft mehr darin sieht. Bei dieser Ausgangslage zeigt Bild 15.1 die grundsätzlichen Pfade für eine erfolgreiche Veräußerung, die im Folgenden genauer erläutert sind.

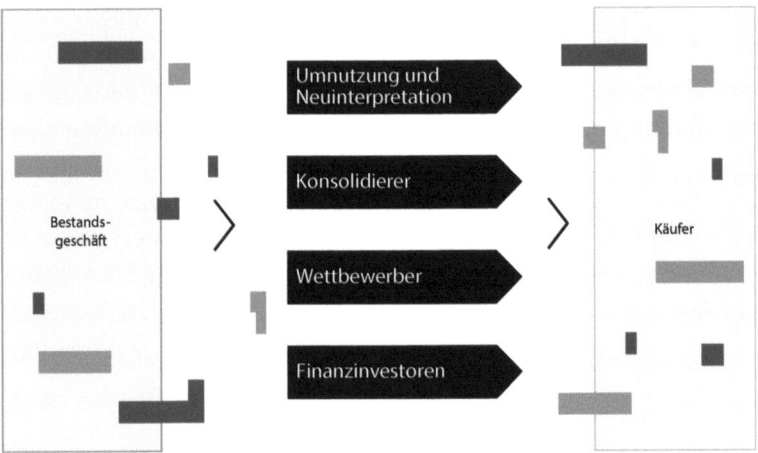

Bild 15.1 Pfade zur Veräußerung von nicht-strategischen Assets

■ 15.1 Umnutzung und Neuinterpretation

Der erste mögliche Pfad der Veräußerung ist die Umnutzung oder die Neuinterpretation des Assets. Hierbei hat ein Käufer eine andere Idee, wie er das Asset nutzen und daraus etwas Erfolgreiches schaffen kann. So wirft vielleicht eine Fabrikhalle, in der ein veraltetes Produkt hergestellt wird, kaum mehr etwas ab. Aber wenn in der gleichen Fabrikhalle Loftwohnungen entstehen oder Konzerte veranstaltet werden, kann plötzlich eine hohe Profitabilität erzielt werden. Oder eine antiquierte Marke wird von einem neuen Eigentümer erfolgreich revitalisiert und zudem in einem anderen oder breiteren Sortiment eingesetzt. Genauso können ein Patent oder ein Herstellungsverfahren für neue Anwendungen genutzt werden, mit denen man mehr Geld verdienen kann.

Die Ausführungen zeigen, dass ein Vermögenswert nicht den einen bestimmten Wert für alle Eigentümer hat, sondern dass es darauf ankommt, was man damit anzufangen weiß. Alleine durch andere Ideen der Nutzung oder durch Neuinterpretation kann ein neuer Eigentümer den Wert eines Assets steigern, und so entsteht eine Zahlungsbereitschaft dafür. Solche neuen Eigentümer mit frischen Nutzungsideen findet man meist nicht in der eigenen Branche. Gäbe es diese, wäre man vermutlich auch selbst fähig, solche Umnutzungen und Neuinterpretationen umzusetzen. Es ist daher entscheidend, weit über seinen eigenen Horizont hinauszuschauen, um solche möglichen Käufer zu identifizieren. Um einen möglichst hohen Verkaufspreis erzielen zu können, muss daher aktiv und weitsichtig nach möglichen Käufern gesucht werden.

Des Weiteren stellt sich die Frage, wieso man denn eine solche Umnutzung und Neuinterpretation nicht selbst auf eigene Rechnung durchführen soll. Wenn es möglich ist, dadurch den Wert eines Assets zu erhöhen, sollte man doch diesen Zugewinn selbst vereinnahmen. Dies scheitert jedoch meist an den notwendigen Fähigkeiten des Unternehmens. Der erwähnte Eigentümer der Fabrikhalle hat vermutlich nicht die Fähigkeiten eines Immobilienentwicklers oder Konzertveranstalters. Daher wird es ihm nicht gelingen, den entsprechenden Mehrwert selbst zu schaffen. Eine Veräußerung an einen Spezialisten ist daher die beste Lösung, um am möglichen Mehrwert wenigstens zu einem Teil zu partizipieren.

■ 15.2 Konsolidierer

Die Strategie der Konsolidierer besteht darin, das Geschäft oder die Produktionskapazitäten von den verschiedenen Playern in einem strukturell rückläufigen Markt aufzukaufen und dann durch Synergien ein profitables Geschäft daraus zu machen. Dies funktioniert üblicherweise dank hoher Skaleneffekte für eine gewisse Zeit ganz gut, ist jedoch ein endliches Spiel, weil auch für die Konsolidierer der rückläufige Markt einmal nicht mehr existieren wird. Solche Konsolidierer sind ein weiterer möglicher Käufer für die nicht-strategischen Assets eines etablierten Unternehmens. Weil in diesem Fall die erzielbaren Synergien für beide Seiten recht eindeutig sind, lassen sich zumindest in einem frühen Zeitpunkt des radikalen Wandels gute Verkaufspreise erzielen.

Das etablierte Unternehmen kann umgekehrt genauso als Konsolidierer auftreten, sprich die eigenen nicht-strategischen Assets behalten und von Wettbewerbern weitere vergleichbare Assets dazukaufen, um entsprechende Skaleneffekte zu erzielen. Der Vorteil dieser Strategie wäre, dass man sich in nahezu vollständig bekanntem Terrain bewegen würde. Es geht schließlich um die Weiterführung eines bisher bekannten und verstandenen Geschäfts, einfach in einem größeren Maßstab. Dagegen spricht, dass damit zumindest in diesem Teil des Unternehmens keine Adaption stattfindet. Man verbleibt in einem rückläufigen Geschäft, das letztendlich aussterben wird. Dies bindet auch finanzielle Mittel und Managementkapazität, die nicht für die Adaption des Unternehmens zur Verfügung stehen. Ob eine Veräußerung oder eine eigene Konsolidiererstrategie besser für das Unternehmen ist, hängt von den Marktwerten der Assets ab. Sind diese besonders hoch, lohnt sich eine Veräußerung, weil man für die eigenen Assets einen guten Preis erhält und fremde Assets teuer zukaufen müsste. Im umgekehrten Fall lohnt sich eine eigene Konsolidiererstrategie, weil man für die eigenen Assets einen zu geringen Preis erhält, jedoch fremde Assets günstig zukaufen kann.

Adieu Glühbirne – Philips' Ausstieg aus dem Lichttechnikgeschäft

Das niederländische Unternehmen *Philips* blickt auf eine lange und ereignisreiche Geschichte zurück. Gegründet wurde das Unternehmen im Jahr 1891 in Eindhoven und begann mit der Produktion von Glühbirnen. Das Geschäftsportfolio wurde im Zuge der verschiedenen Innovationen der Elektronikindustrie im letzten Jahrhundert laufend erweitert. Nebst dem Geschäft mit Lichttechnik hatte *Philips* unter anderem in die Bereiche Unterhaltungselektronik, Halbleiter oder Medizintechnik expandiert.

Technologische Innovationen und neue Regulierung haben das Geschäft mit Lichttechnik, der historische Ursprung des Unternehmens, in eine Periode von radikalem Wandel geworfen. Traditionelle Leuchtmittel wie Glühbirnen waren von einem signifikanten strukturellen Rückgang betroffen, während parallel der Absatz mit LED-Leuchtmitteln gewachsen ist. Dieser neue Markt war aber hart umkämpft. *Philips* hat sich daher entschieden, sich von diesem insgesamt stagnierenden und unsicheren Markt zu verabschieden. Stattdessen wollte sich *Philips* auf das viel profitablere und wachsende Geschäft mit Medizintechnik fokussieren. (Andere Geschäftsbereiche wurden bereits davor abgestoßen.)

Die Lichttechniksparte wurde im Jahr 2016 von *Philips* abgespalten und separat an die Börse gebracht. Damit hat sich *Philips* von rund einem Drittel seines gesamten Geschäftsvolumens getrennt. Zuerst hieß das neue Unternehmen *Philips Lighting*. Zwei Jahre später wurde das Unternehmen in *Signify* umbenannt. Diverse Produkte nutzen jedoch immer noch die Marke *Philips* unter Lizenz des ehemaligen Mutterhauses.

Quellen: Enriquez 2014; Tompkins 2016

■ 15.3 Wettbewerber

Eine weitere Kategorie von möglichen Käufern für nicht-strategische Assets sind die Wettbewerber. Sie sind ebenso wie das eigene Unternehmen dem radikalen Wandel ausgesetzt. Eigentlich müssten sie also konsequenterweise die genau gleichen Assets als nicht-strategisch ansehen und verkaufen wollen. Wieso sollte ein Wettbewerber also gegenteilig zukaufen? Dies ist dann der Fall, wenn sich der Wettbewerber noch in einer anderen Entwicklungsstufe der Adaption befindet.

Wenn man mit dem eigenen Unternehmen bereits bestimmte Assets als nicht-strategisch klassifiziert hat und dafür Käufer sucht, ist man bereits im Adaptionsprozess weit fortgeschritten. Man hat den radikalen Wandel richtig erkannt und eine Vorstellung davon, wie das zukünftige Geschäftsumfeld aussehen wird. Außerdem hat man bereits mehrere Maßnahmen ergriffen, um die neuen Opportunitäten zu erschließen, etwa durch Akquisition neuer Ressourcen und Fähigkeiten oder durch

Eintritt in neue Märkte. Und man ist nun daran, das Unternehmen zu transformieren. Der Wettbewerber hingegen muss nicht zwingend auch schon so weit sein. Vielleicht hat er den radikalen Wandel in seiner vollen Tragweite noch gar nicht erkannt. In diesem Fall würde er liebend gerne die nicht-strategischen Assets erwerben, weil er sie selbst als hoch strategisch und werthaltend einstuft. Oder der Wettbewerber ist schon so weit, dass er die neuen Realitäten zwar schon erkannt hat und akzeptiert, jedoch noch keine Strategie zum Erschließen der neuen Opportunitäten hat. Entsprechend fehlen ihm die Möglichkeiten, in die Zukunft zu investieren. Stattdessen verfolgt er lieber erst mal eine Konsolidiererstrategie (siehe oben), bis er einen Schritt weiter ist.

■ 15.4 Finanzinvestoren

Schließlich kommen noch Finanzinvestoren als Käufer infrage. Dazu gehören Private-Equity-Gesellschaften, sonstige Investmentfonds, Family Offices oder auch vermögende Privatpersonen. Diese Kategorie von Käufern kann auch aus einer Umnutzungs- oder Konsolidiererlogik kaufen, wobei die beschriebenen Vorgehensweisen gelten. Davon abgesehen kaufen Finanzinvestoren manchmal auch nicht-strategische Assets, weil sie diese schlicht, zumindest aus ihrer Sicht, besser managen können.

Dieser Anspruch des besseren Managements kann zuerst durch personelle Änderungen erfolgen. Ein Investor wechselt in der Regel das Management des Assets aus, um einen höheren Professionalisierungsgrad, mehr Tempo und Agilität, eine bessere Vertriebsleistung, mehr Innovation oder sonstige Verbesserungen der Managementleistung erzielen zu können. Darüber hinaus kann ein neuer Eigentümer vielleicht aber auch ganz andere Kostenstrukturen durchsetzen. Etliche Assets in großen Konzernen ersticken fast an auferlegten Overhead-Kosten, wofür zwar eine interne Gegenleistung vorgesehen ist, die aber nicht immer im bereitgestellten Umfang auch wirklich benötigt wird. Ein Finanzinvestor kann solche Kosten massiv senken. So kann es valide Gründe geben, wieso ein Finanzinvestor als Eigentümer mehr Wert mit einem Asset erzielen und somit einen guten Kaufpreis dafür rechtfertigen kann.

Leitfragen zur Beurteilung, ob ein Asset veräußert werden soll

- Brauchen wir das Asset, um in unseren neuen Geschäftsfeldern, Geschäftsmodellen, Technologien, Kundenlösungen und Märkten erfolgreich zu sein?
- Ist das Asset zur Profitabilisierung des Bestandsgeschäfts zwingend nötig oder können wir diese Leistung auch extern einkaufen?
- Würde die Veräußerung des Assets eine unverhältnismäßig große Störung unserer gesamten Wertschöpfungskette auslösen?
- Welche relevanten Abhängigkeiten von anderen Geschäftsbereichen gibt es und wie bewerten wir diese?
- Verbleiben nach einer möglichen Veräußerung wesentliche Remanenzkosten (verbleibende Kosten nach Ausstieg, z. B. Overhead) am Unternehmen hängen?
- Schadet es uns, wenn das Asset in die Hände eines Wettbewerbers gelangen würde?
- Werden für das Asset auf dem Markt interessante Preise geboten?
- Kann ein anderer Eigentümer mehr aus dem Asset herausholen als wir?
- Könnten wir mit dem Erlös aus der Veräußerung wichtige Investitionen in die Adaption des Unternehmens finanzieren?
- Würden wir durch die Veräußerung in der Gesellschaft oder bei Geschäftspartnern an Reputation und Einfluss einbüßen?
- Würde die Veräußerung des Assets bei unseren Stakeholdern eine große Aufbruchsstimmung oder eher große Resignation auslösen?

Abschließend stellt sich die Frage des richtigen Zeitpunkts. Wann macht es Sinn, ein nicht-strategisches Asset zu veräußern? Diese Frage muss das Management mit einer strikten Portfolio-Management-Perspektive beantworten. Dabei geht es immer darum, mögliche Cashflows miteinander zu vergleichen. Grundsätzlich sind zwei unterschiedlichen Optionen zu betrachten. Die erste Option ist der sofortige Verkauf eines Assets. Dieser führt zur Zahlung eines einmaligen Kaufpreises. Wenn dieser beglichen ist, gibt es keine weiteren Zahlungen mehr. Option zwei wäre die Weiterführung des Geschäfts oder die eigene Nutzung des Assets. Bei dieser Option verteilen sich die möglichen Cashflows auf verschiedene Zeitpunkte in einem längeren Zeitraum, bis sie jedoch letztendlich aufgrund des Rückgangs versiegen. Bild 15.2 stellt die zwei Optionen zusätzlich schematisch dar.

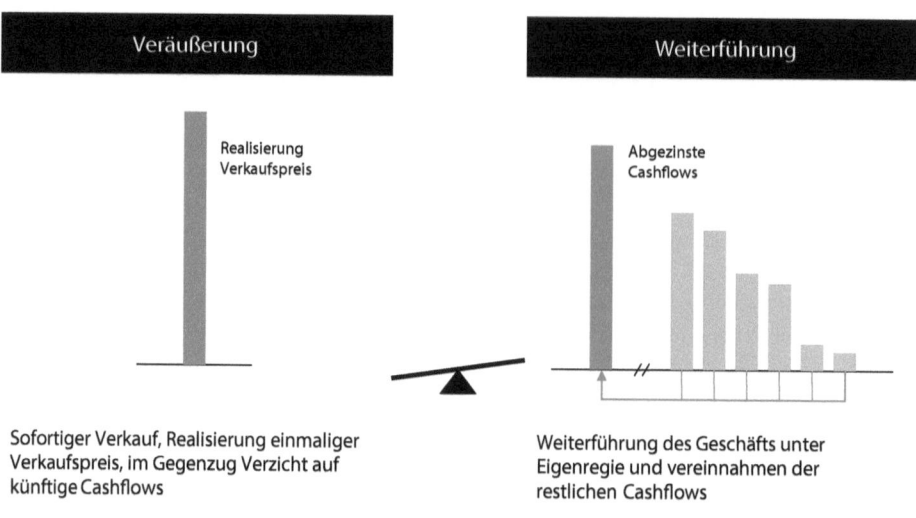

Bild 15.2 Abwägung Veräußerung versus Weiterführung von nicht-strategischen Assets

Der Vergleich solcher möglichen Optionen der Cashflow-Generierung – finanzma-
thematisch richtig abgezinst – gibt die Antwort auf die Frage des richtigen Zeitpunkts einer Veräußerung. Immer wenn ein sofortiger Verkauf mehr Geld in die
Kasse spülen würde als die Weiterführung des Geschäfts in Eigenregie, ist der
Moment gegeben, diese Veräußerung zu tätigen. Die Eckdaten für eine solche Bewertung verändern sich laufend. Einerseits verändern sich die Annahmen zum
Rückgang des Geschäfts. Andererseits verändern sich die Marktpreise für diese
Assets. Diese Schwankungen muss man immer im Blick haben, um laufend eine
solche Abwägung erneut beurteilen zu können. Erfolgreiches Management der Adaption heißt, den richtigen Abreißpunkt für die Veräußerung von nicht-strategischen Assets zu finden.

16

Separiere die Organisation

- Bestandsgeschäft und neues Geschäft sind hinsichtlich ihrer strategischen Zielsetzung und Arbeitskultur zwei fundamental unterschiedliche Typen von Geschäft.
- Organisatorisch sollten diese zwei Typen strikt separiert werden, womit bewusst auf mögliche Synergien verzichtet wird.
- Das Headquarter orchestriert die Nutzung der wertvollen Ressourcen und Fähigkeiten und stellt damit sicher, dass diese auf beiden Seiten vorteilhaft eingesetzt werden.

Durch die Adaptionsbemühungen besitzt das etablierte Unternehmen zwei Typen von Geschäft: das Bestandsgeschäft und das neue Geschäft. Die Anteile dieser zwei Typen am gesamten Geschäftsportfolio verändern sich über den Verlauf der Zeit. Am Anfang des Adaptionsprozesses liegt der Anteil des Bestandsgeschäfts noch bei 100 %. Erst durch die Seizing-Aktivitäten kommt zusätzlich neues Geschäft hinzu. Der Anteil dieses neuen Geschäfts steigt kontinuierlich im Verlauf des Adaptionsprozesses, und das aus zwei Gründen. Erstens setzt dieses neue Geschäft auf entstehende Wachstumsmärkte, die per Definition eine hohe Wachstumsrate ausweisen und somit immer wichtiger im Geschäftsportfolio werden. Zweitens reduziert sich der Anteil des Bestandsgeschäfts, weil sich dieses in strukturell rückläufigen Märkten bewegt und das Volumen daher sinkt. Hinzu kommen mögliche Veräußerungen dieses Geschäfts (siehe Kapitel 15).

Wie gestaltet man bei einer solchen Ausgangslage die Organisationsstruktur des Unternehmens? Die meisten Führungskräfte von etablierten Unternehmen in radikalem Wandel sind naturgemäß auf Synergien getrimmt. Weil eben das Bestandsgeschäft rückläufig ist, sucht man reflexartig nach Möglichkeiten, die Kosten zu senken. Diese findet man sehr oft in der Realisierung von Synergien durch Zusammenlegung von Organisationseinheiten mit ähnlicher Funktion. Durch Skaleneffekte, Standardisierung und Automatisierung können dann signifikante Kostensenkungen erzielt werden. Wieso auch sollte man beispielsweise verschiedene Abteilungen für die Beschaffung haben, wenn man doch mehrheitlich die gleichen Kategorien einkauft? Oder wieso besuchen unterschiedliche Vertriebler die gleichen Kunden? Das kann man doch organisatorisch zusammenlegen und sich somit die Redundanzen einsparen. So ist meist die etablierte Denke.

Im Bestandsgeschäft machen solche Maßnahmen auch Sinn. Falsch wäre jedoch, die gleiche Logik im Verhältnis zwischen Bestandsgeschäft und neuem Geschäft anzuwenden. Aufgrund der unterschiedlichen Geschäftsumfelder – stetiger Rückgang beim Bestandsgeschäft einerseits und starker Anstieg mit wesentlichen Schwankungen beim neuen Geschäft andererseits – handelt es sich um zwei fundamental unterschiedliche Typen von Geschäft. Die Gegensätze sind in Bild 16.1 zusammengefasst.

	Bestandsgeschäft	Neues Geschäft
Geschäfts- umfeld	Reife Märkte mit stetig verlaufender Abschmelzrate	Entstehende Märkte mit schwankendem Wachstumsverlauf
Zielsetzung	*Exploitation* – Abschöpfung der heutigen Potenziale	*Exploration* – Erschließung der künftigen Potenziale
Arbeits- fokus	Effizienz, Produktivität, Synergien, Sicherheit, Varianzreduktion, Kontrolle	Innovation, Suche, Entdeckung, Erkenntnisgewinn, Autonomie
Personen, Struktur & Kultur	▪ Tiefe Expertise & Erfahrung ▪ Klare Strukturen & Prozesse ▪ Disziplin, Einhalten von Zusagen, kurzfristige Resultate	▪ Kreative Köpfe ▪ Lose Strukturen & Prozesse ▪ Visionen, Kreativität, Ideen, Flexibilität, langfristige Resultate

Bild 16.1 Charakterisierung Bestandsgeschäft versus neues Geschäft

Beim Bestandsgeschäft ist die Zielsetzung, die heutige Lebensfähigkeit des Unternehmens zu sichern. Man spricht deshalb auch von der *Exploitation*, also dem Abschöpfen der heute vorhandenen und sichtbaren Potenziale. Um dieses Ziel erreichen zu können, stehen Effizienz- und Produktivitätsgewinne im Vordergrund. Deshalb ist hier auch die Suche nach Synergien so wichtig. Außerdem versucht man im Bestandsgeschäft ein verlässliches Maß an Sicherheit zu schaffen und Varianzen im Wertschöpfungsprozess so weit wie möglich zu reduzieren. In der Organisation und Führung ist daher Kontrolle sehr wichtig. Dafür braucht es Personen mit tiefer Expertise und Erfahrung. Sie agieren am besten in klar definierten Strukturen und Prozessen mit einem hohen Maß an Disziplin und verlässlicher Einhaltung von Zusagen. Resultate sind kurzfristig messbar und man kann inkrementell gegensteuern.

 Während das Bestandsgeschäft durch Effizienz- und Produktivitätsgewinne die heute vorhandenen Potenziale abschöpft, werden mit den neuen Geschäften die Potenziale der Zukunft erschlossen. Diese beiden Typen von Geschäft organisatorisch zu vermischen, wäre hinderlich für beide Seiten.

Das neue Geschäft ist in vielerlei Hinsicht völlig anders. Hier steht die *Exploration* im Vordergrund, also das Erkunden und Erforschen entstehender Potenziale. In diesem Sinne ist das Ziel, die künftige Lebensfähigkeit des Unternehmens zu sichern. Dafür braucht es kreative Köpfe, die weitestgehend autonom, aber mit Visionen geführt werden. So können Innovation, Suche, Entdeckung und Erkenntnisgewinn genährt werden. Organisatorisch sollten Strukturen und Prozesse nur lose festgelegt werden und die langfristigen Resultate im Vordergrund stehen. Es muss eine Kultur der Kreativität, von Ideen und Flexibilität gepflegt werden.

Das Bestandsgeschäft und das neue Geschäft unterscheiden sich also wesentlich hinsichtlich vieler Attribute wie ihrer strategischen Zielsetzung, ihrem Arbeitsfokus, ihren Systemen und Prozessen, den Personen und nicht zuletzt auch in der Arbeitskultur. Das etablierte Unternehmen muss diese zwei Typen von Geschäft deshalb auch separiert organisieren und führen. Dabei wird bewusst auf Synergien verzichtet, weil die Nachteile einer Zusammenlegung aufgrund der unterschiedlichen Attribute deutlich überwiegen gegenüber den Kostenvorteilen. Bild 16.2 zeigt eine Blaupause für eine nach diesem Grundsatz separierte Organisation, die im Folgenden genauer beschrieben wird.

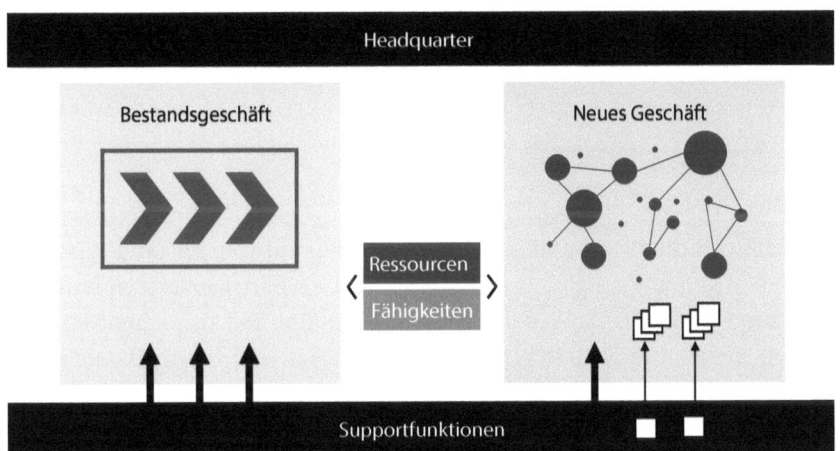

Bild 16.2 Blaupause für separierte Organisation

■ 16.1 Bestandsgeschäft

Die Strukturen und Prozesse im Bestandsgeschäft funktionieren wie eine gut geölte Maschine. Jedes Zahnrad greift perfekt in das nächste. Jedes Einzelteil ist maßgeschneidert und perfekt eingepasst. Erfahrung und Routine erlauben einen maximalen Output ohne nennenswerte Fehlproduktion oder Materialverlust. Es folgt alles einer ausgeklügelten Konstruktion, die das Ergebnis jahrelanger Optimierung ist und immer noch laufend durch kleine Anpassung verbessert werden kann. Eine solche Organisation kann eines gut: hocheffizient eine bekannte Leistung in hoher Stückzahl erbringen. Mit ständig wechselnden Anforderungen und Nachfrageschwankungen könnte sie jedoch sehr schlecht umgehen.

Das Bestandsgeschäft ist also nach den Gegebenheiten des Geschäftsumfeldes ausgerichtet. Es ist mit reifen Märkten konfrontiert, in denen es keine großen Überraschungen gibt. Die Märkte sind zwar strukturell rückläufig, aber der Vorteil ist, dass dieser Rückgang vergleichsweise verlässlich ist. Je nach Branche kann man davon ausgehen, dass der Markt jedes Jahr um einen mehr oder weniger bekannten Prozentsatz abschmelzen wird. Die Organisationsstruktur muss also so gestaltet werden, dass sowohl laufend Kosten gesenkt werden können als auch das rückläufige Volumen entsprechend absorbiert werden kann. Es ist daher folgerichtig, das Bestandsgeschäft als eine einzelne und integrierte Plattform zu strukturieren. Hier macht es wiederum Sinn, maximale Synergien zu realisieren. Das heißt, Organisationseinheiten sollten auf der Bestandsgeschäftsplattform so weit wie möglich zusammengelegt werden, um die Kosten im Bestandsgeschäft signifikant und laufend reduzieren zu können. Die Strukturen und Prozesse sind dort klar definiert und es herrscht eine eiserne Kostendisziplin.

■ 16.2 Neues Geschäft

Das neue Geschäft ist diametral anders und deshalb separat vom Bestandsgeschäft organisiert. Genau genommen gibt es nicht *das* neue Geschäft, sondern *viele* unterschiedliche neue Geschäfte. Dank den Seizing-Aktivitäten hat das Unternehmen eine Reihe von neuen Opportunitäten, Kundenlösungen und Geschäftsmodellen erschlossen. Es hat bisheriges Geschäft so umstrukturiert, dass damit entstehende Wachstumsmärkte adressiert werden können. Und es hat eine Reihe von Start-ups akquiriert, um sich so diese neuen Ideen zu sichern. Damit ist das Unternehmen in verschiedene neue Märkte eingetreten. Im Ergebnis entstanden ist eine Vielzahl unterschiedlicher neuer Geschäfte – entweder als Tochterunternehmen oder als Teil der bestehenden Gesellschaften.

Diese vielen unterschiedlichen neuen Geschäfte sollten weitestgehend autonom und mit vielen Freiheiten und Flexibilität geführt werden. Sie sollen eigenständig bleiben und nicht etwa auf Biegen und Brechen mit dem Bestandsgeschäft oder untereinander zusammengeführt werden. Diese flexible Autonomie fördert den Unternehmergeist in den Einheiten und schafft die richtigen Rahmenbedingungen, damit sich die kreativen Köpfe entfalten können. Und vor allem erlaubt sie eine dynamische Entwicklung, womit die hohen Wachstumsraten und auch Schwankungen in den entstehenden Wachstumsmärkten reflektiert werden.

Nicht zuletzt trägt diese Autonomie auch dazu bei, dass die Schlüsselpersonen in den Organisationseinheiten für das neue Geschäft gehalten werden können. Dazu gehören vor allem die Gründer der Start-ups, die vom etablierten Unternehmen im Zuge der Seizing-Aktivitäten gekauft wurden. Diese Gründer etwa nach der Akquisition ihrer Unternehmen freizustellen wäre auf jeden Fall ein großer Fehler. Sie sind die Innovatoren und Pioniere der Zeit. Entsprechend sollten sie stattdessen langfristig ans Unternehmen gebunden werden, um ihre Erfahrungen und ihr Know-how weiter einbringen zu können – sei es in den von ihnen selbst entwickelten Geschäftsmodellen oder ganz generell über den Adaptionsprozess hinweg.

Vorlage: Separierung des Geschäftsportfolios

Um die Organisation separiert strukturieren zu können, müssen Sie zuerst das Geschäftsportfolio sauber klassifizieren in 1) Bestandsgeschäft mit dem Ziel der *Exploitation* und 2) das neue Geschäft mit dem Ziel der *Exploration*. Nutzen Sie dafür die Vorlage. Machen Sie dabei einen harten Schnitt und teilen Sie die Geschäftsteile konsequent in die zwei Typen von Geschäft. Bei manchen Geschäftseinheiten wird diese Klassifizierung sehr einfach und offensichtlich sein. Bei anderen wird es etwas komplizierter, weil sich Bestandsgeschäft und neues Geschäft über die Zeit in der Organisationsstruktur vermischt haben. Sie können sich dafür an der heutigen Organisationsstruktur orientieren, ohne diese jedoch zu übernehmen. Ziel ist es, sich von der heutigen Organisationsstruktur gedanklich zu lösen und die Geschäftsteile konsequent zu entflechten.

Vorlage zum Download: *plus.hanser-fachbuch.de*

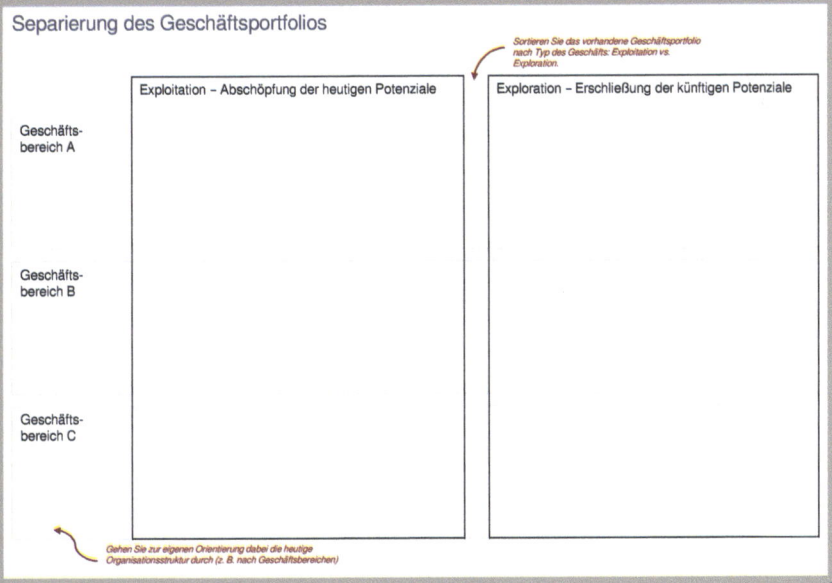

■ 16.3 Allokation von Ressourcen und Fähigkeiten

Die Adaption eines etablierten Unternehmens an den radikalen Wandel basiert, wie mehrfach ausgeführt, auf der Nutzung und Weiterentwicklung der wertvollen Ressourcen und Fähigkeiten des Unternehmens. Wenn nun aber das Bestandsgeschäft und das neue Geschäft organisatorisch separiert werden, entsteht zwangsläufig die Frage, wie diese wertvollen Ressourcen und Fähigkeiten zwischen den zwei Bereichen allokiert werden. Man kreiert bewusst ein offenes Konkurrenzverhältnis innerhalb des Unternehmens um die limitierten Ressourcen und Fähigkeiten.

Ein hypothetisches Beispiel: Der strategische Wettbewerbsvorteil eines Unternehmens ergibt sich durch einen im Wettbewerbsvergleich unübertroffenen Zugang zu den Topkunden im Markt. Diese Topkunden sind strategisch wichtig, weil sie beispielsweise einen überproportionalen Marktanteil haben oder weil sie Meinungsführer sind und andere Kundengruppen jeweils den Kaufentscheidungen dieser Topkunden folgen. Die Topkunden sind sowohl im Bestandsgeschäft als auch im neuen Geschäft relevant. Der Kundenzugang ist zwar konkurrenzlos, aber nicht unlimitiert, weil z. B. die Kundenbudgets beschränkt sind oder schlicht bei Kundengesprächen nur begrenzte Zeit gewährt wird. Das Unternehmen muss sich also entscheiden, ob der Zugang zu den Topkunden für das Bestandsgeschäft oder das neue Geschäft genutzt wird. Beides geht nicht. Eine strategische Entscheidung muss gefällt werden.

In der vorgeschlagenen Organisationsstruktur mit einer Separierung des Bestandsgeschäfts vom neuen Geschäft werden diese Entscheidungen von der obersten Führungsebene entschieden. Die oberste Führungsebene orchestriert die Nutzung von wertvollen Ressourcen und Fähigkeiten. Durch dieses Gestaltungselement wird sichergestellt, dass die zentrale strategische Frage der Allokation wertvoller Ressourcen und Fähigkeiten von der obersten Ebene entschieden wird. Man verhindert damit, dass diese Frage stattdessen etwa durch Machtausübung der Führungskräfte oder reinen Zufall entschieden wird. Es gelingt damit, die strategische Balance zwischen Exploitation im Bestandsgeschäft und Exploration im neuen Geschäft zu halten.

Weil die oberste Führungsebene diese Allokation nicht im operativen Tagesgeschäft immer wieder von Neuem vornehmen kann, muss diese über Grundsatzentscheide und Richtlinien vorgegeben werden. Diese ändern sich nach Fortschritt der Adaption Schritt für Schritt immer mehr weg vom Bestandsgeschäft und hin zum neuen Geschäfts. Dabei ist zu beachten, dass die zusätzliche Allokation von Ressourcen und Fähigkeiten zugunsten des neuen Geschäfts zeitlich immer vor einem wirtschaftlichen Erfolg erfolgen muss. Erst abzuwarten, bis das neue Geschäft einen höheren Umsatzbeitrag leistet, und dann zu allokieren, funktioniert nicht. Die Allokation von Ressourcen und Fähigkeiten muss stattdessen einer Investitionslogik folgen – erst sähen, dann ernten.

■ 16.4 Supportfunktionen

Die Supportfunktionen eines Unternehmens umfassen die Unterstützungsprozesse für das Geschäft. Dazu gehören unter anderem Finance, HR oder IT. Die Tätigkeiten der Supportfunktionen sind mehrheitlich identisch, egal welches Geschäft sie bedienen. So ist etwa die Buchhaltung für einen Maschinenbauer weitestgehend identisch wie für das dazugehörende Servicegeschäft, obwohl die Geschäftslogik sehr unterschiedlich ist. Aufgrund dieser Charakteristika sollten die Supportfunktionen eines Unternehmens organisatorisch außerhalb der Geschäftsbereiche zusammengelegt werden. Damit lassen sich wesentliche Kostensenkungspotenziale erzielen.

Dies gilt in vollem Umfang für die Supportfunktionen des Bestandsgeschäfts. Beim neuen Geschäft sollten Ausnahmen gemacht werden. Die Supportfunktionen eines etablierten Unternehmens sind auf das Bestandsgeschäft ausgerichtet: Hohe Volumina, stabile Prozesse, keine großen Überraschungen. Das neue Geschäft pflegt lose Strukturen, ist einem sehr dynamischen Markt ausgesetzt und braucht viel Flexibilität. Die typischerweise eher starren Arbeitsweisen der etablierten Supportfunktionen sind für dieses Umfeld eher hinderlich. Insbesondere wenn diese neuen Geschäfte noch jung und klein sind, sollten sie nicht gezwungen werden, mit den Supportfunktionen des Unternehmens arbeiten zu müssen. Sie sollten die Wahlfreiheit haben, auch eigene Lösungen zu nutzen, die dem neuen Geschäft dienlicher sind. Diese müssen sich innerhalb von einem groben Regelwerk bewegen, sodass das Unternehmen seine übergreifenden Pflichten wahrnehmen kann.

 Nestlé gründet separierte Organisationseinheit zur Exploration neuer Opportunitäten

Traditionellerweise ist die Lebensmittelindustrie nur leicht wachsend, jedoch relativ stabil. Die Bedürfnisse der Konsumenten sind lokal verankert und verandern sich nur langsam. Entsprechend reagieren die etablierten Player in der Branche auf diese graduellen Entwicklungen mit inkrementellen Verbesserungen und leicht angepassten Produktneuheiten. Folgerichtig ist der global tätige Lebensmittelkonzern *Nestlé* auch regional aufgestellt. Die Landesorganisationen sind organisatorisch im Lead und können so die lokalen Bedürfnisse der Konsumenten befriedigen. Innovation findet weitestgehend dezentral statt.

In den letzten Jahren haben sich allerdings die Einstellungen der Konsumenten in den Industrienationen gewandelt. Lebensmittel sollen nicht einfach nur schmecken, sondern auch zu Gesundheit und Wohlbefinden der Konsumenten beitragen. Hinzu kommen diverse gesellschaftliche Ernährungsprobleme von Unterernährung über Fettleibigkeit bis zu Falschernährung. Nebst der Abschöpfung der Potenziale im traditionellen Bestandsgeschäft boten sich *Nestlé* also auch neue Opportunitäten aufgrund dieses radikalen Wandels. Das Unternehmen reflektierte diese Opportunitäten organisatorisch im Sinne der strukturellen Separierung (siehe andere Textbox). Mit *Nestlé Health Science* wurde eine separate organisatorische Einheit geschaffen, die parallel zur etablierten Organisationsstruktur mit Regionaleinheiten steht. Diese neue Organisationseinheit erforscht und erschließt neue Geschäftspotenziale rund um medizinisch- und ernährungswissenschaftlichorientierter Ernährung. *Nestlé Health Science* erwirtschaftete 2021 einen Jahresumsatz von 4,8 Milliarden Schweizer Franken und trug somit 5,5 % zum gesamten Umsatzvolumen von *Nestlé* bei.

Quellen: Birkinshaw, Zimmermann, Raisch 2016; Nestlé 2022

■ 16.5 Headquarter

Die oberste Führungsebene des Unternehmens ist hier als das Headquarter bezeichnet. Je nach Unternehmenshistorie oder lokalen Gepflogenheiten kann diese Ebene auch anders bezeichnet werden. In der separierten Organisationsstruktur ist das Headquarter der Ort in der Organisation, wo die zwei Stränge Bestandsgeschäft und neues Geschäft zusammenkommen. Auf der Ebene Headquarter wird mit einem holistischen Blick die Strategie des gesamten Unternehmens festgelegt und gesteuert.

Dabei geht es insbesondere darum, über den Verlauf des Adaptionsprozesses die strategische Balance zwischen Exploitation und Exploration zu managen. Im Ergebnis entspricht das immer der Frage, inwiefern heutige Cashflows gegenüber künftigen Cashflows bevorzugt werden und vice versa. Dazu gehören etwa Fragestellungen wie: Wie allokieren wir die Ressourcen und Fähigkeiten zwischen den Bereichen? Mit welchen neuen Geschäften ergänzen wir unser Geschäftsportfolio? Bei welchen neuen Geschäften wollen wir einen Schwerpunkt setzen? Wann ist der Zeitpunkt des Ausstiegs aus dem Bestandsgeschäft gekommen (oder Teilen davon)? Wie beurteilen wir den Fortschritt der Adaption und welche strategischen Implikationen ziehen wir daraus?

In diesem Sinne findet die eigentliche Geschäftsführung in den separierten Organisationseinheiten, dem Bestandsgeschäft und dem neuen Geschäft, statt. Dazu gehört nicht nur das operative Tagesgeschäft, sondern auch die strategischen Fragestellungen, wie dieses Geschäft als solches weiterentwickelt wird. Im Gegensatz dazu hat das Headquarter den Blick auf dieses vielseitige Portfolio an Geschäften. Es orchestriert die Allokation von Ressourcen und Fähigkeiten und entwickelt so das Gesamtportfolio weiter. Außerdem bildet es mit gemeinsamen Werten, der Identität und Historie des Unternehmens einen gemeinsamen Rahmen um das Unternehmen.

Organisationale Ambidextrie

Die Frage, wie ein einzelnes Unternehmen sowohl in reifen Märkten als auch in neuen entstehenden Wachstumsmärkten tätig sein kann, beschäftigt auch die ökonomische Lehre. Es geht dabei um zwei fundamental unterschiedliche strategische Herausforderungen. In reifen Märkten konkurriert das Unternehmen mit seinen Wettbewerbern durch die gewinnbringende Ausnutzung seiner bestehenden Ressourcen und Fähigkeiten (engl. *to exploit*). Umgekehrt liegt in entstehenden Märkten die Herausforderung darin, die neuen Realitäten zu erkunden und Opportunitäten zu erschließen (engl. *to explore*). Den meisten Unternehmen gelingt es jedoch nicht, beides zu vereinen. Diese Unfähigkeit wird unter anderem als Erklärung herangezogen, wieso Unternehmen nicht längerfristig überleben.

Wenn jedoch ein Unternehmen sowohl *Exploitation* als auch *Exploration* in Kombination beherrscht, spricht man von organisationaler Ambidextrie (engl. *organizational ambidexterity*). Der Begriff Ambidextrie ist der Biologie entlehnt, womit Beidhändigkeit bezeichnet wird, also simultane Links- und Rechtshändigkeit. In der Literatur wird organisationale Ambidextrie auch als eine *Dynamic Capability* klassifiziert.

Drei verschiedene Formen der Realisierung von organisationaler Ambidextrie wurden identifiziert:

- *Strukturelle Separierung* (engl. *structural seperation*): Die zwei verschiedenen Bereiche *Exploitation* und *Exploration* werden in einer dualen Organisationsstruktur separiert. Dies erlaubt es, in zwei unterschiedlichen Organisationseinheiten jeweils die verschiedenen Herausforderungen zu adressieren. Das Management orchestriert dabei die Verteilung der Ressourcen und Fähigkeiten zwischen den zwei Organisationseinheiten.
- *Verhaltensintegration* (engl. *behavioral integration*): Die zwei Bereiche *Exploitation* und *Exploration* werden in einer Organisationseinheit zusammengebracht. Die Konflikte werden gelöst durch aktive Erschaffung einer entsprechenden organisatorischen Umgebung, in der die Aktivitäten und Kulturen beider Seiten ausbalanciert werden.
- *Sequenzielle Abwechslung* (engl. *sequential alternation*): Über den Zeitverlauf wird bewusst zwischen *Exploitation* und *Exploration* abgewechselt. Entsprechend wird ein alternierender strategischer Fokus vom Management festgelegt. Dieser orientiert sich auch am situativen Geschäftsumfeld.

Die verschiedenen Formen der Realisierung von organisationaler Ambidextrie wurden empirisch beobachtet und erforscht. Bei der Adaption an radikalen Wandel ist erfahrungsgemäß die strukturelle Separierung am erfolgversprechendsten. Die Empfehlungen in diesem Kapitel basieren daher im Wesentlichen auf dieser Logik.

Quellen: O'Reilly, Tushman 2008; Raisch et al. 2009; Birkinshaw, Zimmermann, Raisch 2016

Abschließend stellt sich die Frage: Was passiert mit den Menschen in diesem ganzen Adaptionsprozess? Wenn das Bestandsgeschäft fortlaufend schrumpft und das neue Geschäft auf der anderen Seite wächst, hat dies ja auch erhebliche Implikationen auf die Arbeitsplätze und persönlichen Karrieren. Diese Bewegung ist zwar getrieben durch den externen Einfluss namens radikaler Wandel. Sie wird aber beschleunigt durch das Handeln des Unternehmens, das so schnell wie möglich das strukturell rückläufige Bestandsgeschäft mit wachsendem neuem Geschäft ersetzen möchte.

Bei dieser Ausgangslage gibt es zwangsläufig Gewinner und Verlierer. Die Gewinner sind diejenigen, die im Adaptionsprozess und in den neuen Geschäften gefragt sind und damit dort beschäftigt werden können. Die Verlierer verfügen über Skills, die nur im Bestandsgeschäft gefragt sind und im neuen Geschäft unbrauchbar werden. Ihnen fehlen zudem das Adaptionsvermögen oder der Wille, sich in Richtung neues Geschäft zu orientieren.

Das Ziel des Managements muss es sein, möglichst viele Gewinner zu schaffen. Jeder einzelne Mitarbeiter muss eine konkrete Perspektive erhalten, wie er Teil des neuen Geschäfts und damit der Zukunft werden kann. Dafür muss es Angebote zur Weiterbildung und Umschulung schaffen. Das gehört nicht nur zu verantwortungsvollem Management, sondern ist auch dringend nötig, weil das Unternehmen möglichst viele Mitarbeiter braucht, die auch für das neue Geschäft qualifiziert sind.

 Jeder Mitarbeiter muss die Chance haben, als Gewinner aus dem radikalen Wandel hervorzugehen. Das etablierte Unternehmen schafft dafür entsprechende Programme zur fachlichen, kulturellen und persönlichen Weiterentwicklung.

Nichtsdestotrotz wird die Adaption zu einem umfassenden Umbau der Belegschaft führen. Einerseits werden für das neue Geschäft diverse neue Mitarbeiter rekrutiert, weil dafür andere Skills, Hintergründe und Arbeitsweisen notwendig sind. Andererseits werden nicht alle bestehenden Mitarbeiter ihre persönliche Adaption vollbringen können und wollen. Sie werden über den langjährigen Adaptionsprozess ausscheiden und ihre Zukunft außerhalb des Unternehmens gestalten.

17 Reinterpretiere die Unternehmenskultur

- Die Sehnsucht nach Stabilität und Kontinuität angesichts der monumentalen Umwälzungen innerhalb und außerhalb der Organisation behindert die Adaption der Unternehmenskultur.
- Statt mit der Vergangenheit vollständig zu brechen, wird daher die Historie und Identität des Unternehmens bewusst genutzt und auf die neuen Realitäten reinterpretiert.
- Dafür muss man die Herkunft kennen und verstehen. Erst so kann die Unternehmenskultur ohne einen harten Bruch weiterentwickelt werden.

Im Verlauf des Adaptionsprozesses bleibt nahezu kein Stein auf dem anderem: Neue Geschäftsfelder werden akquiriert und aufgebaut. Neue Märkte werden erschlossen. Das rückläufige Bestandsgeschäft verschwindet Schritt für Schritt aus dem Unternehmen. Neue Partnerschaften werden eingegangen. Die Organisationsstruktur wird umgebaut. Während diese Aktivitäten zwar komplex und herausfordernd sind, können sie doch durch Managementbeschlüsse und Ansagen durchgesetzt werden. Anders ist das mit der Unternehmenskultur. Diese steckt in den Köpfen der Mitarbeiter, Eigentümer, Kunden, Geschäftspartner und sonstigen Stakeholder. Sie ist die Summe von gemeinsamen Erfahrungen und Traditionen, Motivationen, Leitsätzen und Ideen sowie von Gewohnheiten und Gepflogenheiten. Damit basiert die Kultur auf der Historie und Identität des Unternehmens. Die Unternehmenskultur ist meist die härteste Nuss, die im Rahmen der Adaption zu knacken ist.

Doch auch die Unternehmenskultur muss sich an den radikalen Wandel anpassen. Der Bedarf dafür ergibt sich zwangsläufig aus den diversen strategischen und strukturellen Neuerungen, die im Rahmen der Adaption durchgeführt werden. So muss sich die Unternehmenskultur beispielsweise von einer Kostenfokus- in eine Innovationskultur, von einer nationalen in eine internationale Kultur, von einem Marktfokus zu einem Kundenfokus oder von einer analogen in eine Digitalkultur verändern. Die Charakteristika des radikalen Wandels und der eingeschlagene Adaptionspfad geben vor, welche neuen kulturellen Anforderungen an das Unternehmen gestellt werden.

In den meisten Organisationen regt sich gegen einen solchen Kulturwandel großer Widerstand. Das ist menschlich. Veränderung hat immer auch mit Verlustängsten zu tun. Mitarbeiter fürchten etwa den Verlust von Status, Privilegien oder gar dem Arbeitsplatz. Genauso kann der Verlust von lieb gewonnenen Routinen und Traditionen befürchtet werden. Oder man ist ganz persönlich in Sorge um die Zerstörung des eigenen Lebenswerks. Das sind beispielsweise das selbst designte Produkt, das etablierte Produktionsverfahren oder Vermarktungskonzept. Die Abneigung gegenüber kulturellem Wandel wird auch durch die Großwetterlage gestärkt. Im Umfeld von radikalem Wandel entpuppen sich als sicher geglaubte Regeln und Erfahrungswerte als überholt. Vieles, was man einmal gelernt hat, ist nicht mehr vollständig anwendbar. Außerdem häufen sich Hiobsbotschaften über Stellenabbau, Insolvenzen und Standortschließungen in der Branche. Das führt eher dazu, dass man an Bestehendem festhalten und den Status quo retten möchte. Viele Mitarbeiter und sonstige Stakeholder sehnen sich also nach Stabilität und Kontinuität, statt dass sich große Veränderungsbereitschaft entwickeln würde. Diese Suche nach Halt steht dem großen Veränderungsbedarf diametral gegenüber. Entsprechend scheint die Weiterentwicklung der Unternehmenskultur zur Quadratur des Kreises zu werden.

Wie kann die Adaption der Unternehmenskultur trotzdem gelingen? Statt mit der Vergangenheit Tabula rasa zu machen und das Unternehmen auf der grünen Wiese neu zu erfinden, wird die eigene Herkunft für die Zukunft passend neu interpretiert. Das etablierte Unternehmen muss dafür seine Historie und Identität kennen und wertschätzen. Auf Basis dieser Herkunft wird dann der Anspruch für die Zukunft formuliert. So wird die Unternehmenskultur in einem Kontinuum weiterentwickelt. Das stärkt die Akzeptanz und die Identifikation mit dem Wandel: Weil wir wissen, wer wir sind und wo wir herkommen, sehen wir auch, wo die Reise hingehen kann – damit sichern wir uns, was uns lieb ist. Mit der Reinterpretation der Historie und Identität wird ein Fundament geschaffen, das den Mitarbeitern und sonstigen Stakeholdern Halt und Orientierung für die Adaption gibt.

 Ausgehend von der Anerkennung und Würdigung der Historie und Identität wird die Unternehmenskultur reinterpretiert. Statt einem harten Schnitt wird die Brücke zwischen Vergangenheit und Zukunft geschlagen.

Die Historie und Identität des Unternehmens bilden ein starkes und verlässliches Fundament. Auf dieser Basis wird die Unternehmenskultur durch Reinterpretation entlang der folgenden Arbeitspakete weiterentwickelt. Diese sind zudem in Bild 17.1 zusammenfassend dargestellt.

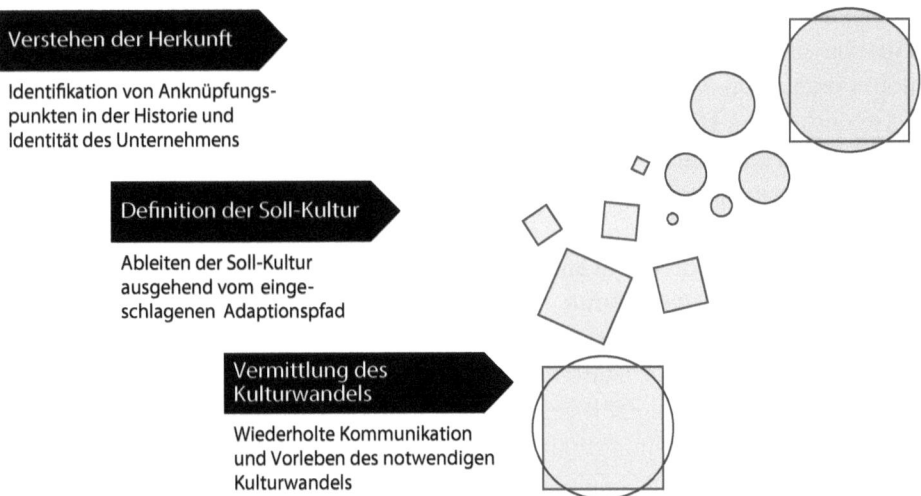

Bild 17.1 Arbeitspakete zur Reinterpretation der Unternehmenskultur

■ 17.1 Verstehen der Herkunft

Erstes Arbeitspaket bei der Reinterpretation der Unternehmenskultur ist es, die Herkunft des Unternehmens umfassend zu verstehen. Denn man muss die Historie und Identität des Unternehmens genau kennen, um damit arbeiten zu können. Dafür ist Recherche nötig. Um ein umfassenderes Bild zu erhalten, müssen Gespräche mit verschiedenen Wissensträgern geführt werden. Dazu gehören beispielsweise altgediente Mitarbeiter oder Pensionäre. Genauso können auch externe Beobachter wie umliegend ansässige Bewohner oder Geschäftspartner interessante Einblicke bieten. Diese Recherche ist notwendig, auch wenn man selbst schon Jahrzehnte in dem Unternehmen gearbeitet hat. Ein reines Abstützen nur auf die persönlichen Erlebnisse und Wahrnehmungen würde zu kurz greifen.

Ziel der Auseinandersetzung mit der Historie und Identität des Unternehmens ist es, Anknüpfungspunkte für die Reinterpretation der Unternehmenskultur zu finden. Dafür kommen beispielsweise bestimmte Protagonisten oder Artefakte sowie gemeinsame Erfahrungen, prägende Ereignisse oder Überzeugungen infrage (siehe Textbox). Die Geschichte dieser Anknüpfungspunkte wird dann mit dem heutigen Geschäftsumfeld und den damit verbundenen strategischen Herausforderungen reflektiert. Was sind die Parallelen? Was sind die Kontraste? Wie wurde damals das Unternehmen geprägt? Was heißt das für die heutige Situation? Wie hat man damals auf die Zeichen der Zeit reagiert?

Dabei geht es nicht etwa darum, faktische Lehren aus der Vergangenheit für die Unternehmensstrategie zu ziehen, sondern darum, eine gute Story für einen Kulturwandel zu entwickeln. Man projiziert dabei die Vergangenheit auf die heutige Situation und versucht, damit den heutigen Handlungsbedarf zu erklären. So nimmt man etwas Vertrautes aus der Herkunft des Unternehmens wie beispielsweise der allseits bekannten Gründerfigur und lässt diese für die Notwendigkeit der Adaption sprechen. Damit schlägt man eine kommunikative Brücke zwischen der Vergangenheit und der Zukunft.

 Anknüpfungspunkte in der Historie und Identität für die Reinterpretation der Unternehmenskultur

- *Gründerfigur oder Gründerteam:* Die Unternehmensgründer waren meist legendäre Unternehmer, Erfinder, Strategen oder Netzwerker. Sie hätten, würden sie heute leben, bestimmt gute Ideen, wie man mit dem radikalen Wandel umgehen soll. Was würde unser Gründer in der heutigen Situation tun? Durch das Reflektieren dieser Frage kann die Herkunft gut mit den heutigen strategischen Herausforderungen verbunden werden. Sinngemäß können auch vergangene Direktoren als Anknüpfungspunkte genutzt werden, wenn sie das Unternehmen ähnlich einem Gründer historisch geprägt haben.
- *Historisches Kernprodukt:* Welches Produkt oder welche Dienstleistung hat das Unternehmen einmal groß gemacht? Damals war man auch mutig und hat – mit viel Risiko – aufs richtige Pferd gesetzt. Genauso geht es heute darum, die Zeichen der Zeit zu erkennen und in die Zukunft zu investieren. Um in Zukunft erfolgreich zu sein, müssen wir wie damals mit der Entscheidung für das Kernprodukt in etwas Neues investieren und uns dafür adaptieren.
- *Vergangener radikaler Wandel:* War das Unternehmen in der Vergangenheit schon einmal radikalem Wandel ausgesetzt und konnte sich erfolgreich adaptieren? Das wäre ein sehr guter Anknüpfungspunkt. Man kann die heutige Situation mit der damaligen vergleichen. Der Handlungsbedarf ergibt sich dann fast von selbst. Hätte man sich damals nicht angepasst, gäbe es das Unternehmen heute wohl nicht mehr, also muss man sich heute ebenfalls den neuen Gegebenheiten anpassen.
- *Alte Logos, Uniformen, Werbematerialien:* Solche Gegenstände werden von alten Mitarbeitern, Kunden oder Geschäftspartnern als Memorabilia gesammelt. Das zeigt die enge Verbundenheit mit dem Unternehmen. Sie können an verschiedenen Stufen des Adaptionsprozesses – vielleicht mit einem kleinen Augenzwinkern – in die Kommunikation eingebaut werden. Das zeigt sowohl die Wertschätzung für die Vergangenheit als auch die notwendigen Kontraste zur künftigen Entwicklung.
- *Wiederkehrende Anlässe wie Feiern, Jubiläen, Kundenempfänge:* Wichtige Ereignisse werden oft mit einem traditionellen Anlass für Mitarbeiter, Kunden und sonstige Stakeholder verbunden: die Leistungsschau vor oder nach einer großen Messe, das Erntefest, der Kundenanlass vor Auftragsvergabe. Auch wenn das eigentliche Ereignis für das Geschäft nicht mehr relevant ist – beispielsweise die Ernte –, sollte der dazugehörige Anlass – das Erntefest – weitergeführt werden. Statt aber in Nostalgie zu schwelgen, sollte der Anlass neu interpretiert werden, also etwa der Zeitpunkt nicht auf die Ernte gelegt, sondern auf ein heute wichtiges Ereignis.

- *Erste Fabrik, Produktionsmaschine oder erster Lieferwagen:* Diese Dinge haben das Unternehmen einmal groß gemacht, sind jetzt aber überholt. Der Vergleich mit den heutigen Lösungen zeigt den dringenden Veränderungsbedarf: Der Lieferwagen hat damals vielleicht acht Kunden pro Tag beliefern können. Die heutige Flotte mit mehr Ladekapazität und digitaler Tourenplanung erledigt das gleiche Pensum in einer Stunde – und mit einem geringeren Energieeinsatz.
- *Größter Misserfolg:* Auch ein historischer Misserfolg kann als Anknüpfungspunkt dienen. Hat man damals die Zeichen der Zeit nicht richtig erkannt? Hat man nicht oder zu spät gehandelt? Das ist genau der Grund, wieso wir das heute besser machen und nicht die Fehler von damals wiederholen. ∎

■ 17.2 Definition der Soll-Kultur

Die Unternehmenskultur soll sich in eine Richtung entwickeln, die konform mit den Adaptionszielen ist. Dafür ist die Definition einer Soll-Kultur erforderlich. Sie beschreibt die Einstellungen und Verhaltensweisen nach erfolgreichem Kulturwandel. Die Soll-Kultur orientiert sich an den verschiedenen strategischen Initiativen im Rahmen der Adaption wie etwa der Erschließung neuer Geschäftsmodelle und Märkte, der Akquisition neuer Fähigkeiten und Ressourcen oder der Verschiebung des Geschäftsportfolios weg vom Bestandsgeschäft und hin zu neuem Geschäft. Daraus ergeben sich diverse Anforderungen an die neue Unternehmenskultur.

Die Anforderungen sind möglichst prägnant und präzise zu formulieren. Wenn es z. B. um Arbeitsweisen geht, wäre eine Formulierung wie „Wir pflegen eine digitale Arbeitsweise" viel zu allgemein. Besser ist es, dies konkret und messbar zu formulieren: „Wir nutzen konsequent digitale Tools und entdecken neugierig laufend weitere Anwendungen." Zudem ist zu klären, welche Veränderung wirklich nötig ist. Geht es also beispielsweise bei der Transformation zu einer Digitalkultur nur um Arbeitsweisen, während die Produkte und Dienstleistungen des Unternehmens weitestgehend gleich bleiben, oder führt der radikale Wandel zur vollständigen Digitalisierung des gesamten Geschäfts inklusive der Produkte und Dienstleistungen? Im letzteren Fall geht es ja nicht nur um digitale Arbeitsweisen, sondern auch darum, in digitalen Geschäftsmodellen zu denken und damit neue Kundengruppen zu adressieren. Die Definition des Anpassungsbedarfs muss sich so konkret wie möglich an der eigentlichen Herausforderung orientieren. Die Soll-Kultur wird dann dem Ist-Zustand gegenübergestellt. Aus dem Delta ergeben sich die Veränderungsziele, die mit der Reinterpretation der Unternehmenskultur angegangen werden müssen.

Der Kulturwandel ist eine notwendige, aber keine hinreichende Bedingung für die erfolgreiche Adaption. In diesem Sinne folgt die Ausgestaltung des Kulturwandels dem eingeschlagenen Adaptionspfad und unterstützt diesen – nicht umgekehrt.

■ 17.3 Vermittlung des Kulturwandels

Wenn die erwünschte Richtung des Kulturwandels und damit die Veränderungsziele klar sind sowie die Anknüpfungspunkte in der Historie und Identität des Unternehmens als kommunikative Träger gefunden sind, kann mit der Vermittlung des Wandels begonnen werden. Der Adressatenkreis dafür sind in erster Linie die Mitarbeiter. Doch auch andere Stakeholder wie die Eigentümer, Kunden, Geschäftspartner oder die Öffentlichkeit sind wichtige Adressaten, weil auch sie den Kulturwandel mittragen müssen.

Für die Vermittlung des Kulturwandels können verschiedene gängige Formate der Unternehmenskommunikation gewählt werden. Das kann beispielsweise ein Blog oder Vlog des CEOs sein, bei geringem Budget vielleicht sogar einfach eine regelmäßig versandte E-Mail. Alternativ sind auch Roadshows, Roundtables oder Town Hall Meetings denkbar. Das Format muss vor allem zum Unternehmen und zum Kommunikator passen. Wichtig ist, dass das Format regelmäßig wiederholt und damit zur Konstante im gesamten Adaptionsprozess wird. So trägt die Kommunikation zur Stabilität und Kontinuität in bewegten Zeiten bei. Sie stärkt damit den Halt und die Orientierung im Unternehmen. Nebst den regelmäßigen Maßnahmen können zu passendem Zeitpunkt auch einmalige, aber erinnerungswürdige Anlässe stattfinden, bei denen eine große strategische Maßnahme vollzogen oder der Kulturwandel an sich nachhaltig akzentuiert wird.

Die Kommunikation des Kulturwandels darf nicht nur top-down erfolgen. Das würde unweigerlich zu Widerständen führen. Stattdessen müssen das mittlere Management und die Mitarbeiter aktiv involviert werden. Auch sie müssen zu den Protagonisten des Kulturwandels werden und in der Kommunikation prominent vorkommen. So wird ein Gemeinschaftsgefühl genährt, das die gesamte Organisation im Adaptionsprozess mitträgt. Umgekehrt darf sich das Top Management nicht aus der Verantwortung ziehen. Der Kulturwandel muss dort lückenlos vorgelebt werden. Das Commitment des Topmanagements ist essenziell für die Glaubwürdigkeit des Kulturwandels.

Unternehmensgründer Axel Cäsar Springer als Botschafter der Adaptionsstrategie

Dem Strukturwandel der Zeitungs- und Zeitschriftenbranche begegnete das Medienunternehmen *Axel Springer* mit einer Umschichtung des Geschäftsportfolios weg von Printmedien und hin zu digitalen Medien. Heute werden über 73 % des Umsatzes mit digitalen Geschäftsmodellen erzielt. Dieser neue geschäftliche Fokus steht eigentlich in einem krassen Gegensatz zum Erbe des Unternehmensgründers Axel Cäsar Springer (1912 – 1985). Er gilt nämlich als Pionier der Printmedien im Nachkriegsdeutschland und hat legendäre Marken wie *Bild*, *Hamburger Abendblatt* oder *Hörzu* gegründet. Statt einem harten Bruch mit der Lebensleistung des Unternehmensgründers nutzt das Management gekonnt sein Image als Unternehmer und Medienpionier. So wird sein Erbe auf die heutige Zeit reinterpretiert und damit eine Brücke von der Vergangenheit in die Gegenwart geschlagen. Folgende im Internet abrufbare Videos zeigen diese Methode anschaulich:

- Ein Imagefilm des Unternehmens wird durch historisches Filmmaterial mit Aussagen des Unternehmensgründers angereichert. Er spricht darüber, wie die Welt durch Träume verändert wird. Es werden daraus drei werteorientierte strategische Maximen formuliert, die die heute nötige Adaptionsstrategie mit den Aussagen des Unternehmensgründers legitimieren. Es wirkt, als habe der Unternehmensgründer schon damals genau gewusst, was heute zu tun wäre. Und das notabene, obwohl sein Todestag über ein Jahrzehnt vor dem Siegeszug des Internets in den 1990er-Jahren liegt. Das Video dazu ist abrufbar unter:
  https://www.youtube.com/watch?v=H3Dah54rQpE
- In einer kurzen Mockumentary wird suggeriert, dass *Axel Springer* im Silicon Valley von den heutigen Vorstandsmitgliedern gegründet worden wäre. Nachbarn und Weggefährten erzählen, wie die Unternehmensgründer damals so waren – alles erfunden und mit einem Augenzwinkern. Das Unternehmen haben sie nach Axel Cäsar Springer benannt, weil sie für dessen Lebensleistung besonderen Respekt hatten. Das Video dazu ist abrufbar unter:
  https://www.youtube.com/watch?v=RYS5Wkg9KDo
- Die eingeschlagene Unternehmensstrategie reflektiert der CEO in einem kleinen Theaterstück vor Mitarbeitern und sonstigen Stakeholdern. Das Theaterstück ist ein Monolog, in dem der CEO einen Brief an den schon länger verstorbenen Unternehmensgründer formuliert. In seinen vorgetragenen Gedanken lässt er das Lebenswerk des Unternehmensgründers Revue passieren und ordnet parallel seine Entscheidungen zur Adaption strategisch ein. Damit demonstriert er sowohl Wertschätzung für die Vergangenheit als auch die Notwendigkeit für die Adaption. Das Video dazu ist abrufbar unter:
  https://www.youtube.com/watch?v=CE6aetixU0Q
- Im Kurzfilm „Auf der Suche nach der verlorenen Auflage" wird folgende Geschichte erzählt: Der schon lange verstorbene Axel Cäsar Springer erfährt im Himmel, dass die Auflage seiner *Bild*-Zeitung massiv eingebrochen ist. Das veranlasst ihn, zurück in die Gegenwart zu reisen und sich die Entwicklung genauer anzuschauen. In der neuen Unternehmenszentrale erfährt er, wie sich

> das Geschäftsumfeld verändert hat und wie sich das Unternehmen erfolgreich daran angepasst hat. Diese Erzählform erlaubt es, gleichzeitig sowohl die Lebensleistung des Unternehmensgründers zu würdigen als auch die Adaptionsleistung von ihm posthum anerkennen zu lassen. Es wird den Mitarbeitern und sonstigen Stakeholdern indirekt erklärt, wie sich das Geschäftsumfeld verändert hat und wieso deswegen eine Adaption erfolgen musste. Das Video dazu ist abrufbar unter:
>
> *https://www.youtube.com/watch?v=0KN9FvnQXZk*
>
> Quellen: Leemann, Kanbach, Stubner 2021; erwähnte YouTube-Videos

 Die Maßnahmen zum Kulturwandel sind nicht der Abschluss des Adaptionsprozesses, sondern deren ständiger Begleiter. Sie beginnen bereits ganz am Anfang, begleiten das Unternehmen regelmäßig über den Verlauf der Zeit und enden erst mit erfolgreichem Abschluss.

Es ist naturgemäß so, dass zum Beginn des Adaptionsprozesses noch niemand so genau weiß, in welche Richtung sich das Unternehmen letztendlich bewegen wird. Erst durch die Sensing-Aktivitäten gewinnt man zunehmend ein Verständnis über das Wesen und das Ausmaß des radikalen Wandels und erst durch die Seizing-Aktivitäten wird klarer, in welche Richtung sich das Unternehmen konkret bewegen wird. Die Maßnahmen zum Kulturwandel müssen dieser stetigen Konkretisierung der Adaption des Unternehmens Rechnung tragen. Man sollte nicht voreilig kulturelle Veränderungen verkünden, bevor klar ist, dass diese wirklich nötig sind. Vielmehr beginnt der Kulturwandel damit, ein Bewusstsein zu schaffen, *dass* es Veränderungen geben wird. Später wird dann klarer, *welche* Veränderungen nötig sind. So begleitet der Kulturwandel den Adaptionsprozess mit einer zunehmenden Konkretisierung der genauen Ausprägung.

18 Gehe iterativ vor

- Adaption ist kein linearer Prozess mit klar abgegrenzten Einzelschritten. Vielmehr erfolgen die Aktivitäten ohne vordefinierte Reihenfolge, mit Überlappungen und Verflechtungen.
- Es empfiehlt sich daher eine iterative Vorgehensweise. Das heißt, das mehrmalige Wiederholen der Aktivitäten, bis die besten Lösungen gefunden sind.
- Das Iterieren zwischen den Aktivitäten von Sensing, Seizing und Transforming schafft die Grundlage für eine erfolgreiche Adaption.

Die Adaption eines etablierten Unternehmens an radikalen Wandel ist keine lineare Angelegenheit mit klar abgegrenzten Einzelschritten. Falsch wäre die Annahme, dass man das wandelnde Geschäftsumfeld mit Sensing-Aktivitäten bis ins letzte Detail und abschließend versteht, erst danach mit den Seizing-Aktivitäten in die erkannten Opportunitäten gesamthaft investiert und schließlich noch mit den Transforming-Aktivitäten das Unternehmen an den neuen Realitäten ausrichtet. Die Adaption funktioniert nicht Schritt für Schritt wie eine Bauanleitung oder ein Kochrezept.

Stattdessen zeigen erfolgreiche Fälle von Adaption, dass die Unternehmen zwischen den verschiedenen Aktivitäten hin und her wechseln. Keine Aktivität ist vor der vollständig vollendeten Adaption wirklich abgeschlossen. Manchmal gibt es auch Überlappungen und Verflechtungen zwischen den Aktivitäten. Es kann also beispielsweise sehr gut sein, dass man bereits in einer Opportunität investiert ist, bevor man den radikalen Wandel überhaupt komplett verstanden hat. So ist es auch sehr hilfreich für das Verständnis des radikalen Wandels, wenn frühzeitig erste kleinere Investitionen in die neuen Opportunitäten getätigt sind (siehe Kapitel 6). Oder das Unternehmen beginnt bereits mit umfangreichen Transforming-Aktivitäten wie etwa der Einleitung eines Kulturwandels oder der Umstrukturierung des Unternehmens, bevor das Geschäftsportfolio schon vollständig umgebaut wurde. Ein solches Vorziehen des Transformings ist nicht zuletzt deswegen sinnvoll, weil Transforming realistischerweise nur über eine lange Frist funktioniert.

Man sollte deshalb bei der Adaption iterativ vorgehen. Das heißt, dass die verschiedenen Aktivitäten mehrmals wiederholt werden, bis die beste Lösung für den Adaptionsprozess gefunden wurde. Diese Wiederholungen bezeichnet man als Iterationen. Bei diesen Iterationen sollen nicht die exakt gleichen Tätigkeiten wiederholt werden. Das würde keinen Mehrwert bringen. Die Aktivitäten werden stattdessen in immer wieder abgewandelter Form wiederholt, um daraus neue Erkenntnisse und neue Ideen für den Adaptionsprozess zu finden. Der Bedarf nach Iterationen und auch die Reihenfolge der Aktivitäten ergeben sich im Verlauf der Umsetzung.

Bei der iterativen Vorgehensweise in der Adaption sind insbesondere die folgenden und in Bild 18.1 dargestellten Aspekte zu berücksichtigen.

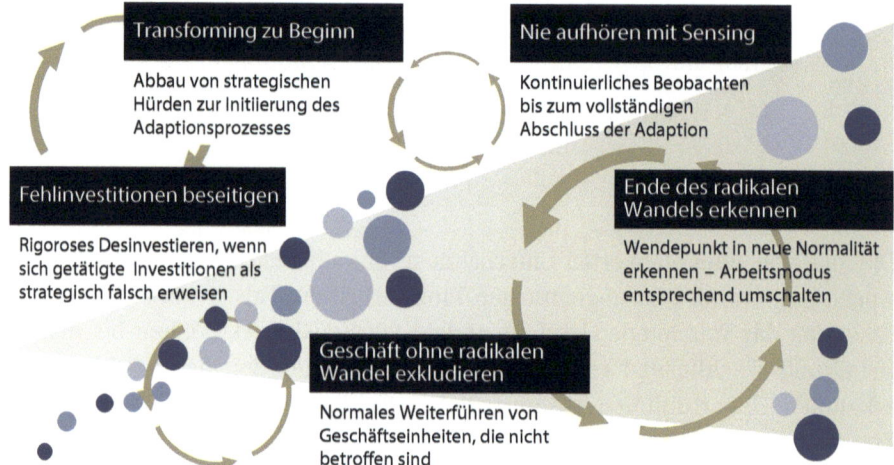

Bild 18.1 Iterationen bei der Adaption an radikalen Wandel

■ 18.1 Transforming zu Beginn

Beim Transforming geht es darum, das Unternehmen an die neuen Realitäten in seinem Geschäftsumfeld auszurichten und zu rekonfigurieren. Solange man also diese neuen Realitäten noch nicht kennt, kann noch kein zielführendes Transforming stattfinden. Umgekehrt sollte man aber auch nicht zu lange abwarten, weil, wie oben erwähnt, der Effekt erst in der langen Frist eintritt. Es muss ein Mittelweg gefunden werden. Das Unternehmen lernt dabei über den Verlauf der Zeit zunehmend die neuen Realitäten kennen und erschließt die sich ergebenden Opportunitäten. Mit steigendem Fortschritt und damit auch Kenntnis der neuen Realitäten kann dann auch die Ausrichtung und Rekonfiguration des Unternehmens erfolgen.

Darüber hinaus gibt es jedoch auch noch Transforming-Bedarf ganz am Anfang des Adaptionsprozesses. Ein etabliertes Unternehmen ist typischerweise nicht ohne Weiteres parat für einen langwierigen Adaptionsprozess. Viele mögliche Hürden können die Initiierung einer Adaption verhindern. Die folgende Textbox zeigt eine Reihe solcher möglichen Hürden. Bevor irgendwelche anderen Tätigkeiten der Adaption durchgeführt werden können, müssen solche Hürden beseitigt werden. Das können sehr einschneidende Maßnahmen sein. So ist es beispielsweise nötig, vorab das Management umzugestalten oder gar die Eigentumsverhältnisse des Unternehmens so zu verändern, dass der langjährige Adaptionsprozess auch von den Eigentümern mitgetragen wird. In diesem Sinne beginnt Adaption mit Transforming, um die notwendige Ausgangslage im Unternehmen zu schaffen, damit die verschiedenen Aktivitäten auch durchgeführt werden können.

Mögliche Hürden für die Initiierung eines Adaptionsprozesses

- *Management:* Einzelne Mitglieder des Managements erkennen den strategischen Handlungsbedarf nicht an. Sie haben entweder noch nicht erkannt oder nicht akzeptiert, dass das Unternehmen vor großen strategischen Herausforderungen steht. Oder sie glauben, dass man mit üblichen inkrementellen Maßnahmen – etwas Kosten runter, etwas mehr Marketing machen – das Problem schon in den Griff bekommt.
- *Akute Gefahren:* Das Unternehmen ist in seiner Existenz durch akute Gefahren bedroht, die die volle Aufmerksamkeit der Managements verlangen. Sie erlauben keinen Weitblick und keine Erörterung von nachhaltigen Veränderungen und neuen Opportunitäten. Beispiele für solche Gefahren sind etwa ein existenzbedrohender Rechtsstreit, ein massiver konjunktureller Abschwung oder ein versperrter Zugang zu Rohstoffen und Energie.
- *Mindset:* Die Denkweise und Motivation der Führungskräfte und Belegschaft verhindern jede Art von kreativem Denken und offener Diskussion von strategischen Alternativen. Eine solche Stimmung kann unterschiedliche Ursachen haben wie z. B. spezifische Ereignisse, die zu einem großen Vertrauensverlust geführt haben, eine patriarchische Führungsvergangenheit ohne liberale Diskussionskultur oder vergiftete Machtkämpfe unter den Führungskräften.
- *Finanzausstattung:* Die Adaption an radikalen Wandel dauert lange, kostet viel Geld und wirft erst nach einer gewissen Zeit wieder etwas ab. Diese längere Durststrecke kann idealerweise durch Cashflows des Bestandsgeschäfts gedeckt werden (siehe Kapitel 14 und 15). Trotzdem braucht das Unternehmen darüber hinaus eine gewisse finanzielle Ausstattung und Durchhaltevermögen für die Finanzierung der Adaption.
- *Eigentümer:* Die Aktionäre eines Unternehmens haben spezifische Erwartungen an das Unternehmen. Beispielsweise steht die Forderung nach regelmäßigen Ausschüttungen (sogenannte Dividendenaktien) in Konflikt zur Adaption, die zwischenzeitlich eher eine Thesaurierung der finanziellen Mittel erfordert. Oder Aktionäre definieren gewisse „heilige Kühe", die nicht angefasst werden dürfen, obwohl genau das zur Adaption gehören würde.

■ 18.2 Nie aufhören mit Sensing

Das Ziel der Sensing-Aktivitäten ist es, den radikalen Wandel komplett zu verstehen und die sich ergebenden Opportunitäten und Gefahren zu identifizieren. Auf diesen Erkenntnissen beruht später der gesamte Adaptionsprozess. Wurden beim Sensing Fehler gemacht, schlägt das Unternehmen auch den falschen Weg der Adaption ein. Solche Fehler können bereits ganz am Anfang des Prozesses passieren, nämlich bei der Frage, ob sich das Unternehmen überhaupt in einem radikalen Wandel befindet oder nicht. Würde beispielsweise ein radikaler Wandel diagnostiziert, der sich später gar nicht materialisiert, würde man das Unternehmen unnötigerweise auf einen kostspieligen Adaptionsprozess schicken und dabei vielleicht sogar das Bestandsgeschäft zerstören. Umgekehrt schließt ein zu spät erkannter radikaler Wandel das günstige Zeitfenster, in dem eine Adaption überhaupt funktionieren kann.

 Die Sensing-Aktivitäten begleiten das Unternehmen über den gesamten Adaptionsprozess. Sie enden erst, wenn die Adaption vollständig vollzogen ist und das Unternehmen in eine neue Normalität übergeht.

Wenn man sich dann später im Adaptionsprozess befindet, stellt sich laufend die Frage, in welche Richtung die Reise gehen wird. In Kapitel 1 wird empfohlen, dafür Szenarien zu entwickeln und diese laufend im Lichte neuer Erkenntnisse und Ereignisse zu aktualisieren. Solange die Adaption andauert, hört diese Tätigkeit nie auf. Es gibt nicht einen finalen Zeitpunkt, zu dem alles bekannt und verstanden ist und auf dessen Basis dann die Adaption erfolgen kann. Vielmehr bleibt vieles über längere Zeit ungewiss. Die Investitionen in neue Opportunitäten, Technologien, Kundenlösungen und Geschäftsmodelle erfolgt in dieser teilweisen Unsicherheit. Hier kommen die Iterationen zum Tragen: Man versucht erst ein gewisses Verständnis vom radikalen Wandel zu erlangen und entwickelt einen Arbeitsstand der möglichen Szenarien. Aufgrund dessen erfolgt eine erste Runde von Investitionen und Transformationsmaßnahmen im Unternehmen. Man geht dann wieder zurück zum Sensing. Gibt es neue Erkenntnisse? Sehen wir Beweise für unsere formulierten Szenarien? Können wir sie widerlegen oder gewisse Szenarien ausschließen, während sich andere mehr und mehr bestätigen? So wird wieder eine Iteration durchlaufen und der Adaptionsprozess geht weiter. Das Sensing hört erst auf, wenn die Adaption vollständig abgeschlossen ist und von der alten Welt nichts mehr übrig ist.

■ 18.3 Fehlinvestitionen beseitigen

Aufgrund der beschriebenen Ungewissheiten entlang des Adaptionsprozesses kann es auch zu Fehlinvestitionen kommen. Um dieses Risiko zu vermeiden, könnte man sagen: Ich warte einfach ab, beobachte den radikalen Wandel, und erst wenn ich ganz sicher bin, wie sich das Geschäftsumfeld entwickeln wird, dann investiere ich. Das wird nicht funktionieren. Während dieses Abwartens werden zwei Dinge passieren. Erstens wird das Bestandsgeschäft zugrunde gehen, womit nicht nur die finanzielle Basis für Investitionen in neue Geschäfte fehlt, sondern auch die notwendigen Ressourcen und Fähigkeiten zerstört sind. Zweitens werden die möglichen Investitionen bis dahin viel zu wertvoll sein, als dass man realistischerweise noch in sie investieren könnte. Es handelt sich dann nicht mehr um vergleichsweise kleine Start-ups, sondern diese sind ebenfalls zu großen Unternehmen geworden. Abwarten ist also keine valide Option.

Fehlinvestitionen werden zuallererst so weit wie möglich durch umfassendes Sensing des Geschäftsumfelds und durch seriöse Prüfung der Targets vermieden. Nach erfolgter Investition sollten diese neuen Geschäfte weitestgehend autonom und mit vielen Freiheiten und Flexibilität geführt werden (siehe Kapitel 16). Dieser Ansatz befreit diese neuen Geschäfte aber nicht von einer regelmäßigen Prüfung der strategischen Sinnhaftigkeit der Investitionen. Dabei soll jede erfolgte Investition immer wieder darauf geprüft werden, ob sie einen strategischen Beitrag zur Adaption des Unternehmens leistet. So kann es sein, dass durch eine weitere Iterationsschleife veränderte Szenarien über die künftigen Entwicklungen resultieren und die Investition dadurch nicht mehr passend ist. Genauso kann es sein, dass die Investition von der Grundidee schon passend wäre, aber die Performance aus verschiedenen Gründen einfach nicht stimmt. Solche Fehlinvestitionen belasten dann das Unternehmen nur und behindern damit die Adaption. Deswegen sollten so bewertete Investitionen auch zügig wieder abgestoßen werden.

 Nicht alle Investitionen in neue Opportunitäten werden von Erfolg gekrönt sein. Kommt man entgegen bisherigen Einschätzungen zum Schluss, dass der Investition die Marktgrundlage fehlt, wird rigoros wieder desinvestiert.

■ 18.4 Ende des radikalen Wandels erkennen

Der Wechsel von einem normalen Umfeld in eine Periode von radikalem Wandel ist für ein Unternehmen sehr herausfordernd. Man muss einerseits den Wendepunkt richtig erkennen und dann anderseits den Modus wechseln von einem Management inkrementeller Verbesserungen hin zu diversen Aktivitäten der Adaption. Genauso muss auch nach erfolgter Adaption ein Wechsel stattfinden. Wiederum muss der Wendepunkt richtig erkannt und der Modus auf „normal" umgeschaltet werden. Nach vielen Jahren der Adaption fällt das nicht leicht.

Wie erkennt man die neue Normalität und das Ende des radikalen Wandels? Dafür gibt es verschiedene Indikatoren. Ein erster Blick fällt dabei auf das Bestandsgeschäft. Dieses stirbt bekanntlich wegen des radikalen Wandels aus. Wenn das Bestandsgeschäft in der gesamten Branche komplett verschwunden und von neuem Geschäft ersetzt ist, so ist das ein starker Indikator für das Auftreten einer neuen Normalität. In den meisten Fällen verschwindet das alte Bestandsgeschäft allerdings nicht ganz. Auch heute werden trotz Musikstreaming noch Schallplatten verkauft, es werden trotz Automobil noch Kutschen produziert und manche Fotografen nutzen trotz Digitalkamera noch Fotofilm. Solche Liebhabermärkte bleiben öfters bestehen. Sie sind aber viel kleiner und dienen nur als Geschäftsgrundlage für wenige Nischenplayer. Bei der Beurteilung, ob das Bestandsgeschäft nun endgültig verschwunden ist, sollte die Existenz solcher Liebhabermärkte ignoriert werden.

Das Gegenstück zum Bestandsgeschäft ist das neue Geschäft. Dieses muss einige Charakteristika erfüllen, damit man von einer neuen Normalität sprechen kann. Dafür sollte man zuerst auf die Wachstumsraten schauen. Solange das neue Geschäft noch auf entstehenden Wachstumsmärkten beruht, ist die Marktentwicklung noch durch hohe Volatilität und hohes Wachstum gekennzeichnet. Erst wenn sich diese Dynamik beruhigt, ist das ein Indikator für eine neue Normalität. Hinzu kommt ein Blick auf die Marktstruktur. Je klarer Marktanteile verteilt sind und je gefestigter die jeweiligen Player in ihrer Position sind, desto eher kann man von einer neuen Normalität sprechen. Das ist auch der Moment, in dem sich in der Branche ein Dominant Design einstellt und die Wettbewerber vor allem mit Effizienzsteigerungen und inkrementellen Produktverbesserungen konkurrieren.

Dieses ruhigere Fahrwasser stellt sich nicht automatisch nach Ableben des ursprünglichen Bestandsgeschäfts ein. Auch wenn dieses vom neuen Geschäft ersetzt wurde, kann dieser neue Markt immer noch sehr dynamisch bleiben. Unter Umständen kann auf den einen radikalen Wandel gleich der nächste folgen. Bei der Erkennung des Wendepunktes zu einer neuen Normalität und der damit verbundenen Umstellung des Unternehmens auf einen anderen normalen Modus ist deshalb unbedingt auf die Charakteristika des neuen Geschäfts zu achten. Bild 18.2 zeigt schematisch den Übergang von radikalem Wandel zur neuen Normalität.

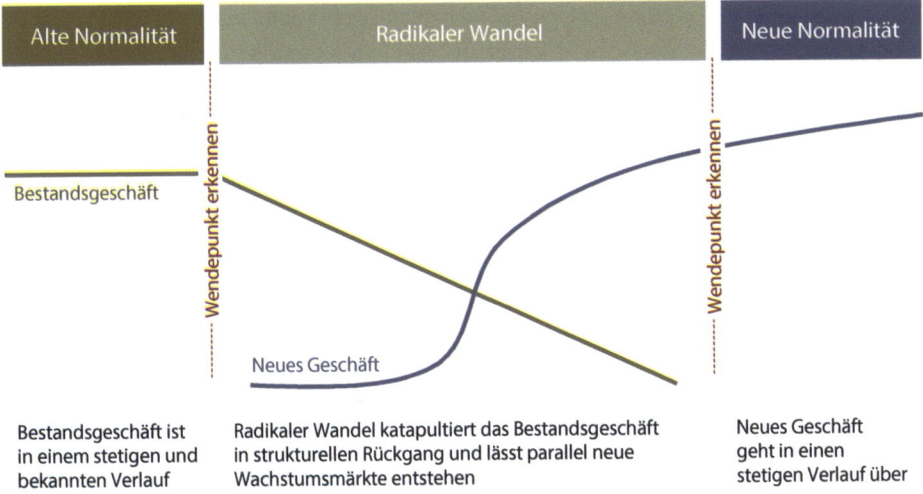

Bild 18.2 Übergang vom radikalen Wandel zur neuen Normalität

■ 18.5 Geschäft ohne radikalen Wandel exkludieren

Die meisten Unternehmen bestehen aus mehr als nur einer Geschäftseinheit. In einem solchen breiteren Geschäftsportfolio muss nicht zwingend jede Geschäftseinheit von radikalem Wandel betroffen sein. Diese Geschäftseinheiten müssen von den Aktivitäten der Adaption exkludiert werden. Denn die Adaption ist immer mit Risiken und Kosten verbunden. Diese sollten nicht den Geschäftseinheiten unnötig aufgebürdet werden, die nicht dem radikalen Wandel ausgesetzt sind. Inwiefern der radikale Wandel die verschiedenen Geschäftseinheiten betrifft oder nicht, ist nicht immer ganz eindeutig. Auch diese Einschätzung muss in verschiedenen Iterationen getroffen werden. Je nach Erkenntnisgewinn über die Zeit werden vielleicht gewisse Teile von den Adaptionsmaßnahmen ausgeschlossen oder es wird umgekehrt der Kreis viel größer gezogen.

Bei der Beurteilung, ob eine Geschäftseinheit von radikalem Wandel betroffen ist oder nicht, kann zuerst auf die Performance abgestellt werden. Entwickelt sich das Geschäft positiv, ist radikaler Wandel eher unwahrscheinlich. Allerdings ist auch dann auf schwache Signale und Anomalien zu achten (siehe Kapitel 1). Umgekehrt heißt es aber auch nicht, dass sich eine Geschäftseinheit mit schlechter Performance zwangsläufig in radikalem Wandel befindet. Das kann viele andere Gründe haben. Die Geschäftseinheit ist vielleicht einfach schlecht geführt, hat auf falsche Produkte oder Dienstleistungen gesetzt, hat die Vermarktung oder die Supply

Chain nicht im Griff und so weiter. Diese Kategorie erkennt man mit Blick auf die Wettbewerber. Wenn diese nicht unter den gleichen Problemen leiden, kann die schlechte Performance nicht an radikalem Wandel liegen. Denn dann wären auch die Wettbewerber davon betroffen.

Schlechte Performance kann außerdem durch einen konjunkturellen Abschwung hervorgerufen werden. Dann wären auch die Wettbewerber davon betroffen. Wenn der konjunkturelle Abschwung jedoch nicht die Geschäftsgrundlage verändert und davon ausgegangen werden kann, dass beim folgenden konjunkturellen Aufschwung wieder ähnlich gearbeitet werden kann, dann handelt es sich auch hier wiederum nicht um einen radikalen Wandel. Der dringende Handlungsbedarf ist in beiden Fällen zwar gegeben, doch eine Adaption wird nicht das Problem lösen. Daher ist es wichtig, entsprechend diese Geschäftseinheiten von der Adaption zu exkludieren.

Die Adaption eines Unternehmens an radikalen Wandel ist ein langwieriger Prozess, der meist über einen sehr langen Zeitraum von mehreren Jahren, manchmal sogar Jahrzehnten dauert. Im Verlauf dieses Zeitraums entwickeln sich viele neue Dinge. Der radikale Wandel treibt monumentale Umbrüche an: Er verändert die Geschäftsgrundlage des Unternehmens nachhaltig. Neue Produkte und Dienstleistungen sowie die dazugehörigen Märkte werden geschaffen und die alten werden verschwinden. Manche etablierte Unternehmen werden diese Entwicklung nicht überleben, während Start-ups gleichzeitig zu großen Playern heranwachsen.

Diese Entwicklung nimmt verschiedenste Drehungen und Wendungen. Es ist unmöglich, zu Beginn schon alles zu kennen und zu wissen. Über den Verlauf dieses langen Zeitraums wird sich viel Neues ergeben, das man vorher noch nicht kannte – ja auch nicht kennen konnte. Das Iterieren zwischen den Aktivitäten von Sensing, Seizing und Transforming erlaubt es, fortlaufend neue Erkenntnisse zu schaffen und so den Adaptionsprozess zu gestalten. Damit schafft die Adaption die Grundlage, um im Kontext von radikalem Wandel zu überleben oder sogar zu prosperieren.

Leitfragen im Bereich Transforming

- Was ist unsere langfristige Prognose für den Verlauf des radikalen Wandels? Rechnen wir mit einem kurzfristigen Knall oder mit einer mehrjährigen Ablösung des Bestandsgeschäfts durch entstehende Wachstumsmärkte?
- Wie muss sich unser Unternehmen während dieser Umbruchphase verändern? Wie sehen unsere Struktur, Kultur und Identität am Ende der Transformation aus?
- Wie stellen wir sicher, dass Know-how und Erfahrungen im neuen Geschäft kontinuierlich gesammelt und systematisch im Unternehmen verbreitet werden?
- Von welcher konkreten Entwicklung gehen wir im Bestandsgeschäft aus? Mit welchen Abschmelzraten rechnen wir? Ist ein Ablaufdatum absehbar?
- Können wir im Bestandsgeschäft unsere Preise erhöhen, um die Umsätze zumindest teilweise zu stabilisieren? Welchen Fahrplan sehen wir für diese Preiserhöhungen vor?
- Wo können wir im Wissen um die Endlichkeit des Bestandsgeschäfts Betriebskosten senken und Ersatzinvestitionen limitieren? Können wir das frühzeitig bereits umsetzen, ohne den Rückgang unsererseits anzutreiben?
- Mit welchen Assets können wir durch deren sofortige Veräußerung am Markt einen höheren Verkaufspreis erzielen als die abgezinsten Cashflows bei Weiterführung des Geschäfts in Eigenregie?
- Wie viel Kapital können wir in den kommenden Jahren durch Profitabilisierung und Veräußerungen intern generieren, um damit die Adaption zu finanzieren?
- Welche Teile unseres Geschäftsportfolios klassifizieren wir in 1) Bestandsgeschäft mit dem Ziel der *Exploitation* und 2) neues Geschäft mit dem Ziel der *Exploration*?
- Wie setzen wir organisatorisch die Separierung von *Exploitation* und *Exploration* um? Wie regeln wir die strategisch sinnvolle Allokation von Ressourcen und Fähigkeiten zwischen diesen beiden Bereichen?
- Welche Anknüpfungspunkte in unserer Historie und Identität haben wir, die wir für eine Reinterpretation unserer Unternehmenskultur nutzen können? Wie setzen wir dies konkret um?

Synopsis – *Adaption!* kurz dargestellt

Im Zentrum des Buches *Adaption!* von Niklaus Leemann steht die Frage: Wie gelingt es manchen etablierten Unternehmen in Perioden von radikalem Wandel zu überleben – ja sogar richtiggehend zu prosperieren – während andere aussterben? Die Antwort darauf liegt in einer Reihe von spezifischen Aktivitäten, die von den genannten erfolgreichen Unternehmen ausgeübt werden. Durch aktives und gezieltes Management der externen Entwicklungen gelingt die Adaption an das veränderte Geschäftsumfeld und damit die langfristige Sicherung der Existenz.

Die Grundstrukturierung des Buches basiert auf dem letzten Stand der Forschung in der ökonomischen Disziplin *Strategisches Management* und insbesondere auf dem wissenschaftlichen Paradigma der *Dynamic Capabilities*. Darüber hinaus illustriert Leemann die Fragestellung in gewohnter Unternehmensberatermanier mit konkreten Handlungsanweisungen und Lösungsansätzen. So ist *Adaption!* ein Buch, fundiert und verwurzelt in der Wissenschaft, gleichwohl angewendet und geschätzt von Praktikern.

In Perioden von radikalem Wandel verändert sich das Geschäftsumfeld einer gesamten Branche fundamental: Märkte brechen weg oder bekommen ein gänzlich neues Gesicht. Bekannte Kundengruppen verschwinden und werden durch neue Zielgruppen ersetzt. Bisherige Technologien, Kundenlösungen und Geschäftsmodelle werden obsolet. Ein solcher radikaler Wandel kann durch unterschiedliche Trigger ausgelöst werden: technologische Innovationen, Verschiebungen von Konsumgewohnheiten, neue Spielregeln durch Regulierungen und Gesetze oder veränderte Wettbewerbsbedingungen. Etablierte Unternehmen, die führenden Player in der bisherigen Marktstruktur, können mit dem radikalen Wandel meist nicht umgehen. Sie sterben aus oder werden stark dezimiert, während neue Player die Marktführerschaft in den neu entstehenden Wachstumsmärkten übernehmen.

Um in diesem Kontext überleben oder sogar prosperieren zu können, müssen sich etablierte Unternehmen an das neue Geschäftsumfeld anpassen. Dieser Adaptionsprozess umfasst drei wesentliche Bereiche. Erstens muss das Unternehmen den radikalen Wandel richtig verstehen und mit diesem Verständnis die damit verbundenen Opportunitäten und Gefahren richtig identifizieren *(Sensing)*. Zweitens muss es die entstehenden Opportunitäten, Technologien, Kundenlösungen und Geschäftsmodelle für sich erschließen und in diese investieren *(Seizing)*. Und schließlich erfolgt eine Ausrichtung und Rekonfiguration des Unternehmens an die neuen Realitäten *(Transforming)*.

Bild 19.1 Adaption durch Sensing, Seizing und Transforming

Die genauen Ausprägungen, der Umfang und die Intensität oder der bevorstehende Verlauf des radikalen Wandels sind nicht von Beginn an klar. Vielmehr bleibt vieles für längere Zeit verschwommen und schwer fassbar. Damit ist auch das Verständnis über die konkreten Opportunitäten und Gefahren für das Unternehmen ungewiss und lückenhaft. Ein entscheidendes Ziel ist deshalb, den radikalen Wandel und seine Implikationen überhaupt richtig zu verstehen. Man tastet sich dabei Schritt für Schritt zu einem besseren Verständnis der sich entwickelnden Situation vor. Aufgrund der Ungewissheiten arbeitet man auch mit unterschiedlichen Szenarien, die mit zunehmendem Erkenntnisstand laufend revidiert und geschärft werden. Durch Networking und Austausch mit einem erweiterten Umfeld von Wettbewerbern, Kunden und Lieferanten bis hin zu Wissenschaft und Thinktanks festigt man das eigene Verständnis des radikalen Wandels. Mit zunehmendem Erkenntnisstand werden systematisch Ideen zur Realisierung der Opportunitäten und zum Anpacken der Gefahren generiert. Vielseitiges Experimentieren hilft außerdem, ein ungefiltertes Feedback vom Markt zu erhalten. Und mithilfe von aktivem Engagement in der Start-up-Szene in den entstehenden Wachstumsmärkten pirscht man sich zunehmend an die neuen Geschäftsfelder heran. In Kombination tragen diese Aktivitäten zu einem immer klarer werdenden Verständnis des radikalen Wandels bei und bilden somit die inhaltliche Basis für die Adaption.

Der radikale Wandel führt dazu, dass die bisher bekannten Märkte verschwinden oder sich fundamental verändern. Parallel entstehen neue Wachstumsmärkte auf Basis anderer Technologien, Kundenlösungen und Geschäftsmodelle. Diese neuen

Opportunitäten muss das etablierte Unternehmen erschließen und in diese investieren. Dazu gehört die Kreation von neuen oder veränderten Geschäftsmodellen. Erfahrungsgemäß ist clevere Geschäftsmodellinnovation sogar meist wertsteigernder als „echte" Innovation aus Forschung und Entwicklung. Um die künftigen Geschäftsmodelle mit Leben zu befüllen, müssen neue Ressourcen und Fähigkeiten akquiriert werden. Dies erfolgt nebst internem Aufbau über den Kauf von anderen Unternehmen, meist innovativer Start-ups. Eine weitere Option, um Lücken in der Ausstattung mit Ressourcen und Fähigkeiten zu schließen, sind Partnerschaften mit anderen Unternehmen. Gut geführt, sind Partnerschaften eine wirksame Alternative gegenüber durch die Finanzkraft und Kultur limitierten Unternehmenskäufen. Zwingender Teil der Adaption ist dann der Eintritt in die entstehenden Wachstumsmärkte. Je nach Pfad der Erschließung, etwa über neue Kundengruppen oder über neue Produkte und Dienstleistungen, sind unterschiedliche Kompetenzen gefragt, die sich das etablierte Unternehmen vor Eintritt aneignen muss. Eine mögliche Kannibalisierung des Bestandsgeschäfts wird in Kauf genommen – lieber selbst den Schritt nach vorne wagen, bevor es ein Wettbewerber tut. Um der anderen Denkweise und dem erhöhten Tempo des neuen Geschäfts gerecht zu werden, müssen dessen Evaluation und die Entscheidungsfindung vom Bestandsgeschäft getrennt erfolgen.

In diesem Sinne umfasst die Adaption auch eine Umschichtung des Geschäftsportfolios weg von strukturell rückläufigem Bestandsgeschäft und hin zu neuem Wachstumsgeschäft. Dazu gehört einerseits, das Bestandsgeschäft nicht etwa aufzugeben, sondern damit finanzielle Mittel zur Finanzierung der Adaption zu erwirtschaften. Andererseits müssen die Struktur, die Kultur und die Identität des Unternehmens rekonfiguriert werden, sodass diese ein neues Fundament für das adaptierte Unternehmen der Zukunft bilden. Ersteres erfolgt durch ein striktes Mandat der Cashflow-Optimierung im Bestandsgeschäft. Statt zukünftiger Gewinne wird mit harten Maßnahmen eine kurz- bis maximal mittelfristige Optimierung angestrebt, und Assets ohne strategische Relevanz für das Unternehmen werden konsequent veräußert. Organisatorisch werden das Bestandsgeschäft und neues Geschäft voneinander separiert, weil sich diese zwei Geschäftstypen hinsichtlich ihrer strategischen Zielsetzung und Arbeitskultur fundamental voneinander unterscheiden. Damit wird bewusst auf die Realisierung von Synergien verzichtet. Stattdessen orchestriert das Management übergreifend die Allokation der wertvollen Ressourcen und Fähigkeiten im Einklang mit der Strategie. Anstelle eines harten Bruchs wird die Unternehmenskultur auf Basis der Historie und Identität des Unternehmens neu interpretiert. So wird der Bedarf nach Stabilität und Kontinuität inmitten des einschneidenden Umbruchs geschickt befriedigt, ohne auf echte Veränderung verzichten zu müssen.

Die Adaption an radikalen Wandel ist ein langwieriger Prozess. Er verläuft typischerweise über einen sehr langen Zeitraum von mehreren Jahren, manchmal sogar Jahrzehnten. Die Aktivitäten der Adaption finden in diesem Zeitraum nicht etwa linear in Einzelschritten statt, sondern sie iterieren, wiederholen sich und es gibt Überschneidungen und Verflechtungen. Ein Beginn der Adaption beispielsweise mit der Reinterpretation der Kultur oder einer transformativen Unternehmensakquisition, bevor der radikale Wandel tatsächlich so richtig verstanden worden ist, wäre weder untypisch noch falsch. Mit *Adaption!* gibt Niklaus Leemann dem Management von etablierten Unternehmen die entscheidenden Handlungsanweisungen und Lösungsansätze an die Hand, um sich an den radikalen Wandel anzupassen. Reflektiert und geschickt angewendet führt das Management die Organisation damit gestärkt in die neuen Realitäten hinein.

Literaturverzeichnis

Abernathy, W.J.; Utterback, J.M. (1978): Patterns of industrial innovation. *Technology Review, 80*, 97 – 107.

Barney, J. (1991): Firm resources and sustained competitive advantage. *Journal of Management, 17*(1), 99 – 120.

Barney, J. (1995): Looking inside for competitive advantage. *Academy of Management Executive, 9*(4), 49 – 61.

Benner, M.J.; Tripsas, M. (2012): The influence of prior industry affiliation on framing in nascent industries: The evolution of digital cameras. *Strategic Management Journal, 33*(3), 277 – 302.

Bettis, R.A.; Prahalad, C.K. (1995): The dominant logic: Retrospective and extension. *Strategic Management Journal,* 16(1), 5 – 14.

Birkinshaw, J.; Zimmermann, A.; Raisch, S. (2016): How do firms adapt to discontinous change? Bridging the dynamic capabilities and ambidexterity perspectives. *California Management Review, 58*(4), 36 – 58.

Bültermann, S. (2022): *Festnetz-Tarife: Die Telekom erhöht die Preise. https://www.computerbild.de/artikel/cb-News-DSL-WLAN-Festnetz-Tarife-Festnetz-Telekom-erhoeht-die-Preise-33355305.html* [abgerufen am 26. August 2022].

Bundesnetzagentur (2013): *Lizenzpflichtige Briefdienstleistungen – Marktdaten 2008 – 2011.* Bundesnetzagentur, Bonn.

Bundesnetzagentur (2022): *Marktdaten. https://www.bundesnetzagentur.de/DE/ Fachthemen/Post/Marktbeobachtung/Marktdaten/start.html* [abgerufen am 27. Oktober 2022]

Bundesverband deutscher Zeitungsverleger [BDZV] (2012): *Ein starkes Medium – zur wirtschaftlichen Lage der deutschen Zeitungen.* BDZV, Berlin.

Bundesverband Digitalpublisher und Zeitungsverleger [BDZV] (2022): *Zur wirtschaftlichen Lage der deutschen Zeitungen.* BDZV, Berlin.

Casadesus-Masanell, R.; Elterman, K. (2019): Walmart's ominichannel strategy: Revolution or miscalculation? *Harvard Business School Case* 9-720-370.

Chapman, B.; Yemen, G.; Venkataraman, S. (2012): Leica Camera: A „Boutique" Firm Faces a World of Change. *Darden School of Business Case* UV6794.

Chen, P.L.; Williams, C.; Agarwal, R. (2012): Growing pains: Pre-entry experience and the challenge of transition to incumbency. *Strategic Management Journal, 33*(3), 252 – 276.

Chesbrough, H. (2003): *Open Innovation: The new imperative for creating and profiting from technology.* Harvard Business School Press.

Chesbrough, H.; Tucci, C.L. (2020): The interplay between open innovation and lean startup, or, why large companies are not large versions of startups. *Strategic Management Review, 1*(2), 277 – 303.

Chesbrough, H.; Vanhaverbeke, W.; West, J. (2014): *New frontiers in open innovation.* Oxford University Press.

Christensen, C.M. (1997): *The Innovator's Dilemma – when new technologies cause great firms to fail.* Harvard Business Review Press.

Clarivate (2021): *Citation Laureates 2021 – Economics. https://clarivate.com/citation-laureates/economics/* [accessed June 27, 2022].

Cordon, C.; Wellian, E. (2020): PMI: Disrupting the tabacco industry. *IMD – Institute for Management Development Case* IMD-7-2180.

Danneels, E. (2007): The process of technological competence leveraging. *Strategic Management Journal*, 28(5), 511 – 533.

Danneels, E. (2011): Trying to become a different type of company: Dynamic capability at Smith Corona. *Strategic Management Journal*, 32(1), 1 – 31.

Dunford, R.; Palmer, I.; Benveniste, J. (2010): Business model replication for early and rapid internationalization: The ING direct experience. *Long Range Planning*, 43(5 – 6), 655 – 674.

Economist (2021): *American retail – two new shocks for shopping.* September 25, 52 – 53.

Eggers, J.P.; Kaplan, S. (2009): Cognition and renewal: Comparing CEO and organizational effects on incumbent adaptation to technical change. *Organization Science*, 20(2), 461 – 477.

Eisenmann, T.; Ries, E.; Dillard, S. (2013): Hypothesis-driven entrepreneurship: The lean startup. *Harvard Business School Background Note* 812-095.

Enriquez, J. (2014): *Philips To Spin Off Lighting, Focus On Healthcare. https://www.meddeviceonline. com/doc/philips-to-spin-off-lighting-focus-on-healthcare-0001* [accessed November 28, 2022].

Farber, V.; Olynec, N. (2020): PMI's vision of a smoke-free future: Can a tabacco company be sustainable (abriged). *IMD – Institute for Management Development Case* IMD-7-2233.

Fielt, E. (2013): Conceptualising business models: Definitions, frameworks and classifications. *Journal of Business Models*, 1(1), 85 – 105.

Gassmann, O.; Frankenberger, K.; Csik, M (2013): The St. Gallen business model navigator. *Working Paper University of St. Gallen.*

Gilbert, C.G. (2006): Change in the presence of residual fit: Can competing frames coexist? *Organizational Science*, 17(1), 150 – 167.

Gimmy, G. et al. (2017): What BMW's corporate VC offers that regular investors can't. *Harvard Business Review. https://hbr.org/2017/07/what-bmws-corporate-vc-offers-that-regular-investors-cant* [accessed August 9, 2022].

Golder, P.N.; Tellis, G.J. (1993): Pioneer advantage: Marketing logic or marketing legend? *Journal of Marketing Research*, 30(2), 158 – 170.

Harreld, J.B.; O'Reilly, C.A.; Tushman, M.L. (2007): Dynamic capabilities at IBM: Driving strategy into action. *California Management Review*, 49(4), 21 – 43.

Helfat, C.E.; Peteraf, M.A. (2003): The dynamic resource-based view: Capability lifecycles. *Strategic Management Journal*, 24(10), 997 – 1010.

Heuzeroth, T. (2022): *Deutscher Traditionskonzern Leica steht vor Rekordjahr. https://www.welt.de/ wirtschaft/article240958939/Fotografie-Deutscher-Traditionskonzern-Leica-steht-vor-Rekordjahr.html* [abgerufen am 13. September 2022].

Kanbach, D.K.; Stubner, S. (2016): Corporate accelerators as recent form of startup engagement: The what, the why, and the how. *Journal of Applied Business Research*, 32(6), 1761 – 1776.

Kaplan, S. (2008): Cognition, capabilities, and incentives: Assessing firm response to the fiber-optic revolution. *Academy of Management Journal*, 51(4), 672 – 695.

Kaplan, S.; Tripsas, M. (2008): Thinking about technology: Applying a cognitive lens to technical change. *Research Policy*, 37(5), 790 – 805.

Katz, R.; Allen, T.J. (1982): Ivestigating the not-invented-here (NIH) syndrome: A look at the performance, tenure and communication patterns of 50 R&D project groups. *R&D Management*, 12(1), 7 – 19.

Keller, S. (2022): *Preisentwicklung für Standardbriefe in Deutschland bis 2022. https://de.statista.com/statistik/daten/studie/482560/umfrage/preisentwicklung-fuer-standardbriefe-in-deutschland/* [abgerufen am 27. Oktober 2022].

King, A.A.; Tucci, C.L. (2002): Incumbent entry into new market niches: The role of experience and managerial choice in the creation of dynamic capabilities. *Management Science*, 48(2), 171 – 186.

Kittilaksanawong, W.; Mason, F.R. (2017): Huawei-Leica Alliance: Reinventing Smartphone Photography or Building Brand Image? *Ivey Publishing Case* W17065.

Klepper S.; Simons, K.L. (2000): Dominance by birthright: Entry of prior radio producers and competitive ramifications in the U.S. television receiver industry. *Strategic Management Journal*, 21(10 – 11), 997 – 1016.

Krogh, G.v.; Erat, P.; Macus, M. (2000): Exploring the link between dominant logic and company performance. *Creativity and Innovation Management*, 9(2), 82 – 93.

Leemann, N.; Kanbach, D.K. (2022): Toward a taxonomy of dynamic capabilities – a systematic literature review. *Management Research Review*, 45(4), 486 – 501.

Leemann, N.; Kanbach, D.K.; Stubner, S. (2021): Breaking the paradigm of sensing, seizing, and transforming – evidence from Axel Springer. *Journal of Business Strategies*, 38(2), 95 – 124.

Leih, S.; Teece, D.J. (2018): Creative Destruction. In: Augier, M.; Teece, D.J. (eds.): *The Palgrave Encyclopedia of Strategic Management*. Palgrave Macmillan.

Levinthal, D.A.; March, J.G. (1993): The myopia of learning. *Strategic Management Journal*, 14(S2), 95 – 112.

Levitt, B.; March, J.G. (1988): Organizational learning. *Annual Review of Sociology*, 14, 319 – 340.

Lichtenthaler, U.; Ernst, H. (2006): Attitudes to externally organising knowledge management tasks: A review, reconsideration and extension of the NIH syndrome. *R&D Management*, 36(4), 367 – 386.

Lieberman, M.B.; Montgomery, D.B. (1998): First-mover (dis)advantages: Retrospective and link with the resource-based view. *Strategic Management Journal*, 19(12), 1111 – 1125.

Nestlé (2022): *Full-year results 2021. https://www.nestle.com/sites/default/files/2022-02/2021-full-year-results-investor-presentation.pdf* [accessed November 28, 2022].

O'Reilly, C.A.; Tushman, M.L. (2008): Ambidexterity as a dynamic capability: Resolving the innovator's dilemma. *Research in Organizational Behavior*, 28, 185 – 206.

Osterwalder, A. et al. (2020): *The invincible company*. Wiley.

Penrose, E. (1959): *The theory of the growth of the firm*. John Wiley & Sons.

Philip Morris International [PMI] (2022): *Investor Information May 2022. https://philipmorrisinternational.gcs-web.com/static-files/6707983f-073a-4cec-8e3a-6d311767f692* [accessed August 2, 2022].

Pitelis, C.N.; Teece, D.J. (2010): Cross-border market co-creation, dynamic capabilities and the entrepreneurial theory of the multinational enterprise. *Industrial and Corporate Change*, 19(4), 1247 – 1270.

Porter, M.E. (1980): *Competitive strategy*. Free Press.

Prahalad, C.K. (2004): The blinders of dominant logic. *Long Range Planning*, 37(2), 171 – 179.

Prahalad, C.K.; Bettis, R.A. (1986): The dominant logic: A new linkage between diversity and performance. *Strategic Management Journal*, 7(6), 485 – 501.

Prahalad, C.K.; Hamel, G. (1990): The core competence of the corporation. *Harvard Business Review*, 68(3), 79 – 91.

Raisch, J. et al. (2009): Organizational ambidexterity: Balancing exploitation and exploration for sustained performance. *Organization Science*, 20(4), 685 – 695.

Ries, E. (2011): *The lean startup.* Crown Business.

Sakkab, N. Y. (2002): Connect and develop complements research & development at P&G. *Research Technology Management,* 45(2), 38 – 45.

Schilke, O.; Songcui, H.; Helfat, C. E. (2018): Quo vadis, dynamic capabilities? A contentanalytic review of the current state of knowledge and recommendations for future research. *Academy of Management Annals,* 12(1), 390 – 439.

Teece, D. J. (1982): Towards an economic theory of the multiproduct firm. *Journal of Economic Behavior and Organization,* 3(1), 39 – 63.

Teece, D. J. (1986): Profiting from technological innovation: Implications for integration, collaboration, licensing and public policy. *Research Policy,* 15(6), 285 – 305.

Teece, D. J. (2006): Reflections on „profiting from innovation". *Research Policy,* 35(8), 1131 – 1146.

Teece, D. J. (2007): Explicating dynamic capabilities: The nature and microfoundations of (sustainable) enterprise performance. *Strategic Management Journal,* 28(13), 1319 – 1350.

Teece, D. J.; Pisano, G.; Shuen, A. (1997): Dynamic capabilities and strategic management. *Strategic Management Journal,* 18(7), 509 – 533.

Tenzer, F. (2022a): *Anzahl der Analog-/ISDN-Telefonanschlüsse im Festnetz in Deutschland bis 2021.* https://de.statista.com/statistik/daten/studie/13171/umfrage/anzahl-der-analoganschluesse-im-festnetz-in-deutschland-seit-2006/ [abgerufen am 26. August 2022].

Tenzer, F. (2022b): *Veränderung der Preise für Telekommunikationsdienstleistungen in Deutschland von 1996 bis 2017.* https://de.statista.com/statistik/daten/studie/215848/umfrage/entwicklung-der-preise-fuer-telekommunikation-in-deutschland/ [abgerufen am 26. August 2022].

Tompkins, J. (2016): *Philips Lighting spun off in IPO, now world's largest lighting company.* https://insights.regencylighting.com/philips-lighting-spun-off-in-ipo-now-worlds-largest-lighting-company [accessed November 28, 2022].

Tripsas, M.; Gavetti, G. (2000): Capabilities, cognition, and inertia: Evidence from digital imaging. *Strategic Management Journal,* 21(10), 1147 – 1161.

Tuli, K.; Mittal, S.; Boncimino, C. (2020): Visa: Adapting to a world of fintechs. *Singapore Management University Case* SMU908.

Tushman, M. L. (2016): *How leaders become disruptors.* https://stanfordpress.typepad.com/blog/2016/04/solving-the-innovators-dilemma.html [accessed June 14, 2021].

Tushman, M. L.; Anderson, P. (1986): Technological discontinuities and organizational environments. *Administrative Science Quarterly,* 32(3), 439 – 465.

Veit, P. et al. (2021): Revising the taxonomy of corporate accelerators: Moving towards an evolutionary perspective. *International Journal of Entrepreneurial Venturing,* 13(6), 568 – 599.

Visa (2022a): *Visa Everywhere Initiative 2022.* https://usa.visa.com/visa-everywhere/everywhere-initiative/initiative.html [accessed September 1, 2022].

Visa (2022b): *Year-end financial highlights.* https://annualreport.visa.com/financials/default.aspx [accessed September 1, 2022].

Weking, J. et al. (2020): A hierarchical taxonomy of business model patterns. *Electronic Markets,* 30, 447 – 468.

Winter, S. G. (2006): The logic of appropriability: From Schumpeter to Arrow to Teece. *Research Policy,* 35(8), 1100 – 1106.

Zeng, J.; Glaister, K. W. (2016): Competitive dynamics between multinational enterprises and local internet platform companies in the virtual market in China. *British Journal of Management,* 27, 479 – 496.

Glossar

Accelerator

Ein Accelerator ist ein Beteiligungsprogramm eines etablierten Unternehmens an verschiedenen Start-ups. Dabei werden die Start-ups etwa mit Startkapital, Infrastruktur, Mentoring und Coaching versorgt. Start-ups in Accelerator-Programmen haben ein erprobtes Geschäftsmodell und möchten dieses zur Marktreife bringen.

Adaption

Adaption beschreibt die Fähigkeit und die Aktivitäten von etablierten Unternehmen, sich an den radikalen Wandel anzupassen. Durch Adaption gelingt es einem etablierten Unternehmen, auch in den neuen Realitäten erfolgreich zu sein.

Bestandsmärkte

Bestandsmärkte sind die relevanten Märkte einer bestimmten Branche. Durch den radikalen Wandel fallen diese in einen strukturellen Rückgang und werden von entstehenden Wachstumsmärkten letztlich ersetzt.

Co-spezialisierte Assets

Wenn bestimmte Ressourcen und Fähigkeiten nur in Kombination mit anderen Ressourcen und Fähigkeiten einen Mehrwert erbringen, spricht man von Co-Spezialisierung. Ein Beispiel dafür sind etwa Containerschiffe und Containerterminals.

Disruptive Innovationen

Disruptive Innovationen sind günstigere, kleinere, einfachere oder praktischere Kundenlösungen oder Technologien, mit denen ein erweiterter Kundenkreis angesprochen werden kann. Meist neue Player wie Start-ups durchbrechen damit bestehende Marktstrukturen zulasten von etablierten Playern.

Dominant Design

Wenn die Produkte oder Dienstleistungen aller Anbieter in einer bestimmten Branche gleiche Merkmale aufweisen, spricht man von einem Dominant Design. Ein solches entsteht erst in reifen Märkten. In entstehenden Wachstumsmärkten besteht ein Wettbewerb zwischen den verschiedenen Playern um die Festlegung dieser Merkmale.

Dominant Logic

Als Dominant Logic bezeichnet man eine vom Managementteam geteilte Logik, wie das eigene Geschäft grundsätzlich funktioniert. Diese Logik erlaubt effektive und effiziente Entscheidungsfindung in normalen Zeiten, behindert jedoch einen umfassenderen Blick auf Veränderungen in Perioden von radikalem Wandel.

Dynamic Capabilities

Erfolgreiche Adaption an radikalen Wandel gelingt dank Dynamic Capabilities. Das sind die Fähigkeiten eines Unternehmens, 1) den radikalen Wandel zu verstehen sowie Opportunitäten und Gefahren zu identifizieren (Sensing), 2) entsprechende Opportunitäten, Technologien, Kundenlösungen und Geschäftsmodelle zu erschließen und in diese zu investieren (Seizing), 3) das Unternehmen an den neuen Realitäten auszurichten und zu rekonfigurieren (Transforming).

Entstehende Wachstumsmärkte

Durch den radikalen Wandel entstehen neue Wachstumsmärkte auf Basis anderer Technologien, Kundenlösungen und Geschäftsmodelle. Diese ersetzen in Perioden von radikalem Wandel letztlich die Bestandsmärkte.

Etablierte Unternehmen

Etablierte Unternehmen sind die führenden Player in den bisherigen Bestandsmärkten, die durch radikalen Wandel letztlich zerstört werden. Typischerweise gelingt ihnen die Adaption nicht und sie werden von neuen Playern ersetzt.

First Mover Advantage

Entgegen landläufiger Meinung haben die Pioniere in einem entstehenden Wachstumsmarkt nicht zwangsläufig einen strategischen Wettbewerbsvorteil (die grundsätzliche Idee der First Mover Advantage). Stattdessen profitieren Fast Follower von der Vorarbeit, während Pioniere in vielen Fällen wieder vom Markt verschwinden.

Geschäftsmodellinnovation

Bewusste Veränderungen des Geschäftsmodells können die strategische Position des Unternehmens nachhaltig stärken. Dabei geht es insbesondere um die Festlegung der Value Proposition, der Zielgruppe, des Ertragsmodells und der Wertschöpfungsarchitektur.

Inkubator

Ein Inkubator ist ein Beteiligungsprogramm eines etablierten Unternehmens an verschiedenen Start-ups. Dabei werden die Start-ups etwa mit Startkapital, Infrastruktur, Mentoring und Coaching versorgt. Start-ups in Inkubatorprogrammen haben eine grobe Geschäftsidee und möchten daraus ein funktionierendes Geschäftsmodell entwickeln.

Komplementäre Ressourcen und Fähigkeiten

Komplementäre Ressourcen und Fähigkeiten sind notwendig, um ein Produkt oder eine Dienstleistung zu produzieren, zu transportieren, zu verpacken, zu vermarkten und so weiter. Sie bleiben oft auch in und nach Perioden von radikalem Wandel relevant und können entsprechend strategisch eingesetzt werden.

Lean Start-up

Lean Start-ups testen neue Technologien, Kundenlösungen oder Geschäftsmodelle mehrmals in einem echten Marktumfeld vor der finalen Markteinführung. Statt fertiger Produkte werden MVPs (Minimum Viable Products) am Markt getestet. Bei Misserfolg erfolgt ein Pivot, eine Veränderung des MVP, gefolgt von einem erneuten Markttests, bis sich ein Erfolg einstellt.

Market-Based View

Der Market-Based View besagt, dass sich strategische Wettbewerbsvorteile durch die richtige Positionierung des Unternehmens in lukrativen Märkten oder Marktsegmenten und in Relation zu den Wettbewerbern ergeben. Die Aufgabe des strategischen Managements ist daher, diese Positionierung zu definieren.

Neue Player

Neue Player erschließen die durch den radikalen Wandel entstehenden Opportunitäten mit neuen Technologien, Kundenlösungen und Geschäftsmodellen. Man unterscheidet dabei neu gegründete Start-ups (De-novo-Unternehmen) und Diversifizierer aus anderen Branchen (De-alio-Unternehmen).

Open Innovation

Statt Innovation auf die Grenzen des Unternehmens zu beschränken, propagiert Open Innovation, diese auf externe Partner wie beispielsweise Lieferanten oder Universitäten auszuweiten. Dadurch sollen Erfolgswahrscheinlichkeiten erhöht und Entwicklungszyklen beschleunigt werden.

Organisationale Ambidextrie

Organisationale Ambidextrie (Beidhändigkeit) bezeichnet die Fähigkeit eines Unternehmens, sowohl heute bekannte und bestehende Potenziale abzuschöpfen *(Exploitation)* als auch künftige und vorstellbare Potenziale zu erschließen *(Exploration)*.

Profiting from Innovation (PFI)

Die PFI-Theorie besagt in ihrem Kern, dass Innovatoren nur dann von ihren Innovationen profitieren können, wenn sie über das vollständige Set kritischer Ressourcen und Fähigkeiten verfügen. Dies hat strategische Implikationen sowohl für die Innovatoren als auch für die Eigentümer dieser kritischen Ressourcen und Fähigkeiten.

Radikaler Wandel

Radikaler Wandel bezeichnet Perioden von fundamentalen Veränderungen der Geschäftsgrundlage einer gesamten Branche. Er bedroht damit die Existenz etablierter Unternehmen und bestehender Wirtschaftsstrukturen.

Resource-Based View

Der Resource-Based View besagt, dass strategische Wettbewerbsvorteile durch die einmalige Ausstattung des Unternehmens mit wertvollen Ressourcen und Fähigkeiten erzielt werden. Der Fokus des strategischen Managements liegt daher auf der Entwicklung und dem richtigen Einsatz dieser Ressourcen und Fähigkeiten.

Der Autor

Niklaus Leemann ist Strategieberater für das Topmanagement namhafter Unternehmen. Der Fokus seiner Arbeit liegt in der langfristigen strategischen Entwicklung dieser Unternehmen. Dabei sind seine Beratungsschwerpunkte in den Bereichen Unternehmens- und Geschäftsfeldstrategie, Geschäftsmodelle, Organisationsentwicklung, Reorganisation und Transformation. Sein internationaler Kundenkreis umfasst große Mittelständler bis hin zu börsennotierten Konzernen unterschiedlicher Branchen.

Leemann hat an der HHL Leipzig Graduate School of Management zum Doktor der Wirtschaftswissenschaften promoviert sowie an der Universität St. Gallen in der Schweiz und Nanyang Business School in Singapur studiert. Er hat Bücher und Artikel über Strategie, Transformation und Führung geschrieben und ist Gastdozent für strategisches Management.

Index